建筑施工企业管理人员岗位资格培训教材

# 试验员岗位实务知识

建筑施工企业管理人员岗位资格培训教材编委会　组织编写

张俊生　陈红　马洪晔　李钟　主编

中国建筑工业出版社

**图书在版编目（CIP）数据**

试验员岗位实务知识/建筑施工企业管理人员岗位资格培训教材编委会组织编写．—北京：中国建筑工业出版社，2007

建筑施工企业管理人员岗位资格培训教材

ISBN 978-7-112-08847-8

Ⅰ.试… Ⅱ.建… Ⅲ.建筑材料-材料试验-技术培训-教材 Ⅳ.TU502

中国版本图书馆 CIP 数据核字（2006）第 138412 号

本书是建筑施工企业专业管理人员岗位资格培训教材之一，是在总结国内外有关实践经验的基础上，依据国内最新规范体系编写而成的一本建筑施工现场试验用书。本书详细而清晰地阐述了建筑施工现场需要进行的各项试验的试验目的、内容、方法、试验结果整理的判断方法，并针对相关试验提供了先进的管理方法。

本书可作为建筑施工企业试验员岗位资格培训教材，也可供建筑工程试验人员及相关工程技术和管理人员参考使用。

* * *

责任编辑：刘　江　岳建光
责任设计：董建平
责任校对：邵鸣军

建筑施工企业管理人员岗位资格培训教材

**试验员岗位实务知识**

建筑施工企业管理人员岗位资格培训教材编委会　组织编写
张俊生　陈红　马洪晔　李钟　主编

*

中国建筑工业出版社出版、发行（北京西郊百万庄）
各地新华书店、建筑书店经销
北京红光制版公司制版
北京云浩印刷有限责任公司印刷

*

开本：787×1092 毫米　1/16　印张：8¾　字数：210 千字
2007 年 1 月第一版　2012 年 12 月第六次印刷
定价：**16.00** 元
ISBN 978-7-112-08847-8
（15511）



本社网址：http://www.cabp.com.cn
网上书店：http://www.china-building.com.cn

《建筑施工企业管理人员岗位资格培训教材》

## 编写委员会

（以姓氏笔画排序）

# 出 版 说 明

建筑施工企业管理人员（各专业施工员、质量员、造价员，以及材料员、测量员、试验员、资料员、安全员）是施工企业项目一线的技术管理骨干。他们的基础知识水平和业务能力的大小，直接影响到工程项目的施工质量和企业的经济效益；他们的工作质量的好坏，直接影响到建设项目的成败。随着建筑业企业管理的规范化，管理人员持证上岗已成为必然，其岗位培训工作也成为各施工企业十分关心和重视的工作之一。但管理人员活跃在施工现场，工作任务重，学习时间少，难以占用大量时间进行集中培训；而另一方面，目前已有的一些培训教材，不仅内容因多年没有修订而较为陈旧，而且科目较多，不利于短期培训。有鉴于此，我们通过了解近年来施工企业岗位培训工作的实际情况，结合目前管理人员素质状况和实际工作需要，以少而精的原则，组织出版了这套“建筑施工企业管理人员岗位资格培训教材”，本套丛书共分15册，分别为：

✧《建筑施工企业管理人员相关法规知识》
✧《土建专业岗位人员基础知识》
✧《材料员岗位实务知识》
✧《测量员岗位实务知识》
✧《试验员岗位实务知识》
✧《资料员岗位实务知识》
✧《安全员岗位实务知识》
✧《土建质量员岗位实务知识》
✧《土建施工员（工长）岗位实务知识》
✧《土建造价员岗位实务知识》
✧《电气质量员岗位实务知识》
✧《电气施工员（工长）岗位实务知识》
✧《安装造价员岗位实务知识》
✧《暖通施工员（工长）岗位实务知识》
✧《暖通质量员岗位实务知识》

其中，《建筑施工企业管理人员相关法规知识》为各岗位培训的综合科目，《土建专业岗位人员基础知识》为土建专业施工员、质量员、造价员培训的综合科目，其他13册则是根据13个岗位编写的。参加每个岗位的培训，只需使用2～3册教材即可（土建专业施工员、质量员、造价员岗位培训使用3册，其他岗位培训使用2册），各书均按照企业实际培训课时要求编写，极大地方便了培训教学与学习。

本套丛书以现行国家规范、标准为依据，内容强调实用性、科学性和先进性，可作为施工企业管理人员的岗位资格培训教材，也可作为其平时的学习参考用书。希望本套丛书能够帮助广大施工企业管理人员顺利完成岗位资格培训，提高岗位业务能力，从容应对各自岗位的管理工作。也真诚地希望各位读者对书中不足之处提出批评指正，以便我们进一步完善和改进。

**中国建筑工业出版社**

2006年12月

# 前　言

本书为建筑施工企业管理人员岗位资格培训系列教材之一，是适应建筑工程技术人员及施工现场试验人员的需求，依据现行标准编写的，它凝聚和汲取了国内外现场试验工作的精华，是编写人员多年从事试验工作宝贵经验的结晶。本书的部分主要编写人员有些曾参与国家及地方标准的编写，他们将新标准和先进的试验管理经验融为一体，为建筑工程技术人员及施工现场试验人员提供了简明扼要、通俗易懂、图文并茂的实用参考书。本教材囊括了建筑施工现场需要进行的各项试验，内容涉及基础工程、主体结构工程和装饰装修工程中的施工试验、原材料试验，涉及范围广、内容全，可作为建筑施工企业试验员岗位资格培训教材，也可供建筑工程试验人员及相关工程技术和管理人员参考使用。

本教材由张俊生、陈红、马洪晔、李钟主编，参加编写的还有王淑丽、王国华、王晓光、郭建华、冯定军等人。

本教材虽几经修改，但限于作者专业水平和实践经验，书中不当之处乃至错误之处在所难免，敬请各位读者批评指正。

# 目　录

# 第一章　现场试验站管理

## 第一节　概　　述

现场试验是指依据国家、行业、地方及企业有关标准和规范，对建筑工程项目所使用的原材料和施工过程中的半成品、成品进行试样抽取和性能检测，并作出结论（或结果）评价的活动。

现场试验可分为原材料试验、施工试验、工程检测、室内环境检测四大类。

原材料试验：指依据国家、行业、地方和企业有关标准和规范，对工程项目所使用的原材料进行试样抽取和性能检测，并作出结论（或结果）评价的活动。原材料包括钢筋、水泥、砂、石、砖、粉煤灰、外加剂、防水卷材、防水涂料、建筑胶等。

施工试验：指依据国家、行业、地方和企业有关标准和规范，对工程项目施工过程中的半成品、分项工程进行试样抽取和性能检测，并作出结论（或结果）评价的活动。半成品和分项工程包括钢筋连接、混凝土力学性能、混凝土耐久性能（抗渗、抗冻）、混凝土配合比、砂浆配合比、砂浆基本性能、土工试验等。

工程检测：指依据国家、行业、地方和企业有关标准和规范，对工程项目实体进行的破损、非破损检测，并作出结论（或结果）评价的活动。包括混凝土回弹、混凝土取芯、饰面砖粘接强度检验、植筋及膨胀螺栓拉拔、钢筋保护层检测等。

室内环境检测：指依据国家、行业、地方和企业有关标准和规范，对民用建筑工程使用的建筑材料和装饰装修材料造成的室内环境污染进行检测，并作出结论（或结果）评价的活动。包括室内空气中甲醛、氨、苯和总挥发性有机化合物（TVOCs）含量的检测等。

现场试验有常规试验与见证试验两种形式。

常规试验：指施工单位现场试验人员依据国家、行业、地方和企业有关标准和规范，对建筑工程项目所使用的原材料和施工过程中的半成品、分项工程进行试样抽取，并送至具备检测资质的建筑工程质量检测单位进行试验、检测的活动。

见证取样检测：在监理单位或建设单位监督下，由施工单位有关人员现场取样，并送至具备相应资质的检测单位所进行的检测。

现场试验是直接检查建筑工程施工用原材料和半成品质量的主要手段，也是反映工程质量的主要途径，对保证工程质量、加快施工进度、降低材料消耗和保证竣工资料的完整性具有重要意义。因此，建立和完善现场试验管理工作，使施工现场试验站具有一定的技术实力和一套完整有效的管理制度，不断提高试验人员的业务水平，是建筑企业施工技术管理的重要工作之一。

## 第二节 现场试验设施配置及验收

### 一、工作间的配置

施工现场应根据工程规模和所开展的试验项目为现场试验站配置工作间。工作间一般为两间，一间作为专职试验员的办公室兼操作间，另一间作为标准养护室（若使用标准养护箱可不设标准养护室）。

1. 办公兼操作间的设置

办公兼操作间的面积一般不宜小于 $6m^2$，应满足通风、保温、隔热的要求。室内应设试模堆放区、试块成型静置区、制备试样区和留有安装混凝土振动台（通常有 500mm×500mm、800mm×800mm 和 1000mm×1000mm 三种规格）、放置办公桌的空间，必要时还应砌一定规格和数量的操作台面，供放置烘箱、天平、案秤和其他仪器用。

2. 标准养护室的设置

混凝土试块的标准养护空间按规模大小分三种，由大到小依次是标准养护室、标准养护池和标准养护箱。

（1）考虑使用和维护方便、容量大等特点，大部分施工现场采用标准养护室。标准养护室的面积视工程混凝土量的大小和试块委托时间间隔长短而定，一般不宜小于 $6m^2$，以保证混凝土浇筑高峰时期所有的标准养护试块的养护。标准养护室内应设置温湿度控制装置和温湿度保证装置，但禁止使用电炉及壁挂电热器。标准养护室内温、湿度宜采用自动装置控制，温度调节夏季可采用空调降温，冬季可采用电湿加热或空调加热；湿度调节采用喷淋装置（亦可用加湿器）。喷淋装置可采用循环水，但喷出的水必须保证是雾化状态，要确保试块表面潮湿，但不能用水直接冲淋试块。室内还应配置一定数量的多层试块架子，架子的数量应能保证混凝土浇筑高峰时期，所有的标准养护试块均能上架养护。

（2）如混凝土浇筑量不大，标准养护试块留置数量较少，可以不设标准养护室，而在一密闭的室内砌一标准养护池，池子的长、宽依据房屋的尺寸而定，深度宜为 600mm。池内试块允许按组叠放。采用养护池养护试块时，必须有可行的控温措施。

（3）如混凝土浇筑量很小，或混凝土标准养护试块存放时间较短，可采用标准养护箱养护试块。

### 二、设备、仪器的配置

现场试验站应根据工程试验的需要和相关标准的规定，配置试验设备和仪器。设备、仪器的种类和规格可根据现场试验站所开展的试验项目及试验量的多少配置。

### 三、现场试验站的验收

现场试验站必须经过单位相关部门验收合格后，方可投入使用。验收内容应包括：

1. 检测单位人员配置：

（1）试验员应持证上岗；

（2）试验员及取样工人数应与工程量大小相适宜。

2. 试验环境条件：

(1) 办公兼操作间面积应符合要求；

(2) 标准养护室应符合要求。

3. 试验设备、仪器配置齐全。

4. 管理制度应健全。

5. 试验管理记录配置应齐全。

## 第三节　现场试验站的工作范围与管理要求

### 一、现场试验站的工作范围

1. 原材料取样及委托

包括：水泥、砂、石、钢材、砖、砌块、粉煤灰、外加剂、轻骨料、防水卷材、防水涂料、建筑胶、瓷砖等原材料的取样和委托工作。

2. 施工试验取样及委托

包括：钢筋连接、混凝土力学性能、混凝土耐久性（抗渗、抗冻）、混凝土配合比、砂浆基本性能、砂浆配合比、土壤击实等施工试验的取样和委托工作。

3. 土壤干密度现场试验。

4. 现场检测

协助检测单位进行混凝土回弹、混凝土取芯、饰面砖粘结强度检验、植筋拉拔、膨胀螺栓拉拔、钢筋保护层测试、室内环境检测等现场检测工作。

### 二、标准养护室的管理

1. 标准养护条件要求

(1) 混凝土标准养护室及标准养护箱，温度控制范围为20±2℃，相对湿度在95%以上。

(2) 如采用池式养护，温度亦应控制在20±2℃，池内应为Ca（OH)$_2$饱和溶液，且不能流动。

(3) 水泥砂浆、微沫砂浆可在标准养护室或标准养护箱内养护。

(4) 水泥混合砂浆应在专用标准养护箱内养护，温度控制在20±3℃，相对湿度为60%～80%。

2. 标准养护室管理要求

(1) 进入标准养护室的标养试块必须有强度等级、试样编号和成型时间标识，标识不符合要求的试样不得入内。

(2) 混合砂浆试块不得进入标准养护室。

(3) 标准养护试块应放在架子上养护，且试块彼此间隔不少于10～20mm。

(4) 不同单体工程的试块宜置于不同的架子上养护，每一架子上的试块宜根据成型时间或试件编号顺序码放。

(5) 使用喷淋装置调节湿度时，喷淋水不能直接冲淋试块。

(6) 标准养护室内的温、湿度应定时进行检查并作好记录，其温、湿度数值可从自动控制装置上的数显仪上读取，也可从配置的干湿温度计、高低温度计或温度计上读取。当采用高低温度计和湿度计时，温度每天检查一次，湿度每天检查两次；当采用自动控制装置上的数显仪和干湿温度计时，可每天检查两次，一般上、下午各一次。

### 三、有见证取样和送检管理

1. 房屋建筑工程实施见证取样和送检的项目

(1) 用于承重结构（不含垫层、散水、女儿墙等部位）的混凝土试块（包括结构实体检验用同条件养护试件、抗冻临界强度试件、－28d 转＋28d 试件和抗渗混凝土试件，但一般不含同条件养护试件）。

(2) 用于承重墙体的砂浆试块（不含抹灰砂浆、填充墙砂浆）。

(3) 用于承重结构的钢筋及连接接头试件（不含构造筋、防裂筋，也不含班前焊和工艺检验接头）。

(4) 用于承重墙的砖和混凝土小型砌块（不含女儿墙和一般的填充墙）。

(5) 用于拌制混凝土和砌筑砂浆的水泥。

(6) 用于承重结构的混凝土中使用的掺合料。

(7) 地下、屋面、厕浴间使用的防水材料。

(8) 国家规定必须实行有见证取样和送检的其他试块、试件和材料项目有争议时，由设计单位决定。

说明：这里所说的房屋建筑工程，除新建工程外，还包括扩建和改建工程。

2. 见证取样和送检的程序

(1) 见证工作管理流程图（图 1-1）

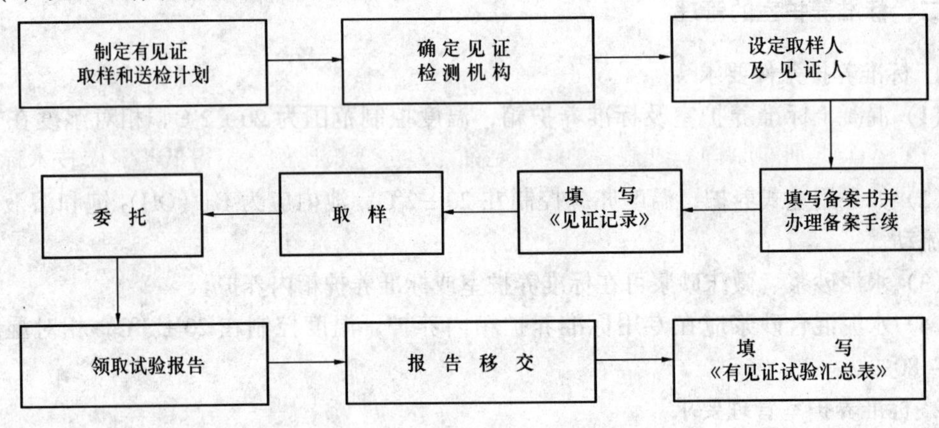


图 1-1 见证工作管理流程图

(2) 见证工作管理流程

1) 制定有见证取样和送检计划、确定见证试验检测机构

单位工程施工前，项目技术负责人应按照有关规定，与建设（监理）单位共同制定《见证取样和送检计划》，考察后确定承担见证试验的检测机构。

2) 设定见证人及备案

项目技术负责人应与建设（监理）单位共同设定见证试验取样人和见证人，并向承监该工程的质量监督机构递交《有见证取样和送检见证人备案书》进行备案，备案后，将其中一份交与承担见证试验的检测机构。

3）有见证取样

试验员接到取样通知后，依据既定的见证取样和送检计划，安排现场取样工在见证人的旁站见证下，按相关标准规定进行原材料或施工试验项目的取样和制样。

见证人对见证试验项目的取样和送检的过程进行见证，并在试样或其包装上作出标识和封志。标识和封志应标明样品名称、样品数量、工程名称、取样部位、取样日期，并有取样人和见证人签字。

4）填写《见证记录》

见证人依据见证取样和送检计划表及对应的取样通知单填写《见证记录》。

5）委托

试验员登记试验委托台账并填写试验委托合同单后，持《见证记录》、试验委托合同单及有见证标识和封志的试样，与见证人一起去承担见证试验的检测机构办理委托手续。

6）领取试验报告

在达到试验周期后，现场取样工去检测机构领取见证试验报告，试验报告的右上角加盖“有见证试验”的红色专用章；右下角加压承担见证试验检测机构的特有钢印；左上角加盖检测机构的计量认证或国家级实验室认可的红色专用章。

7）试验报告移交

试验员接到试验报告后，应进行核验及解读，并及时将见证试验报告移交项目技术负责人和资料员。见证取样和送检的试验结果达不到标准要求时，应及时通报见证人。

8）填写《有见证试验汇总表》

试验员将有见证试验结果进行汇总，填写《有见证试验汇总表》，与其他施工资料一起纳入建筑工程资料管理，作为评定工程质量的依据。

3. 实施见证取样和送检的相关规定及要求（适用于北京市，其他地区可参考）

（1）各个类别的原材料或施工试验的见证取样和送检比例，不得低于对应技术标准中规定的应取样总数量（一般按检验批次即组数计）的30%，且应含在总量之中。

（2）各类别的原材料或施工试验，若其总量在10次以下，其见证取样和送检次数不得少于两次。

（3）重要工程或工程的重要部位，可以增加见证取样和送检次数。

（4）送检试样必须在现场随机抽取，不得另外制作。

（5）每一单位工程须设定1~2名取样和送检见证人，见证人由施工现场监理人员担任，或由建设单位委派具有一定施工试验知识的专业技术人员担任。

（6）见证人设定后，须向承监该工程的质量监督机构和承担见证试验的检测机构备案，见证人更换时须办理变更备案手续。

（7）承担见证试验的检测机构，应从北京市建委公布的、当年取得北京市建设工程见证取样质量检测资格的单位中选取，并向承监工程的质量监督机构备案。承担该项目施工的施工企业不得承担该试验业务，即若检测机构与该项目施工单位隶属于同一法人，则不得承接该工程项目的见证试验。

(8) 一般情况下，每一单位工程只能选定一个承担见证试验的检测机构，遇特殊见证试验项目或原检测机构被取消见证检测资格等情况除外。

(9) 见证人必须取得“见证人员岗位资格证书”或持有“监理工程师资格证书”。

## 四、试样标识管理

现场试验站委托检测的试件要进行必要的标识，试件的标识应根据其性能特征和相关规定标注。

1. 原材料试样的标识

(1) 水泥、砂、石、掺合料等用编织袋包装的试件，委托人员宜在包装袋上用毛笔标识。标识内容包括：材料名称、试件编号。同一工程，有两个以上（含）的标号时，将楼号缀在试件编号前，如2-28，2表示2号楼。

**【例1】**

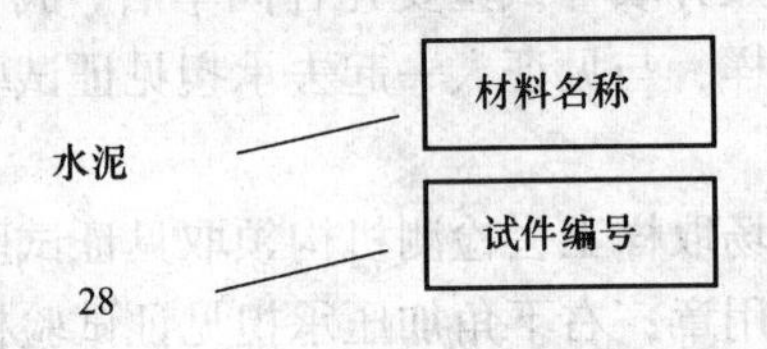


(2) 砖、砌块等块状材料，委托人员宜在试件表面用毛笔标识。标识内容：试件编号。

(3) 外加剂等塑料袋装试件、防水涂料等瓶装试件以及防水卷材等，委托人员宜在包装外侧或防水卷材表面进行粘贴标识。标识内容包括：材料名称、试件编号。

(4) 钢筋原材试件，委托人员宜采取挂签标识。标识内容包括：试件编号、种类、牌号、规格、复试项目。

**【例2】**

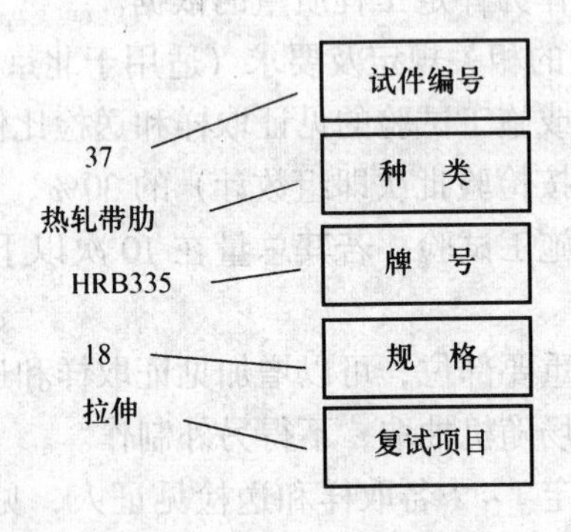


2. 施工试验试样的标识

(1) 混凝土及砂浆试块，委托人员宜在其成型面（压光面）上用毛笔标识。标识内容包括：强度等级（含抗渗等级）、试件编号、成型时间。

为使标识更加简单明了，可在试件编号后加后缀区分不同的养护方式，如：标养试块在试件编号后加“—B”，同条件试块在试件编号后加“—T”，抗冻临界强度试块在试件编号后加“—DT”，同条件养护28d再转标准养护28d试块在试件编号后加“—N”，结构实体检验用同条件养护试块在试件编号后加“—ST”。其中：B代表标准养护28d；T代表同条件养护，供结构构件拆模、出池、吊装及施工期间临时负荷确定混凝土强度用；ST代表结构实体检验用同条件养护；DT代表抗冻临界强度；N代表与工程同条件养护28d再转标准养护28d试件。

【例3】

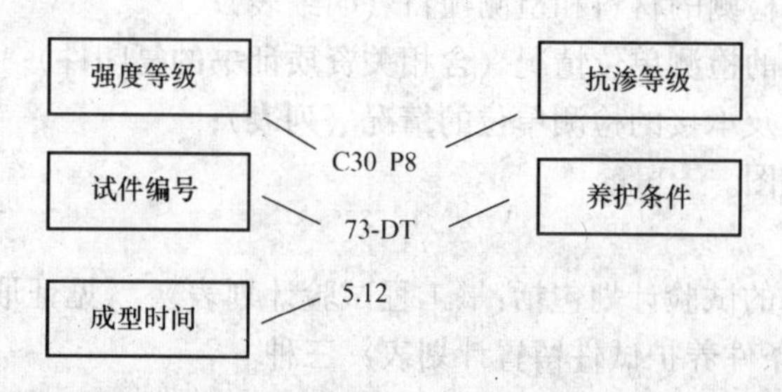


(2) 回填土等塑料袋装试样，委托人员宜在包装袋上标识，标识内容包括：材料名称、试件编号（由步数和点号组成，如“二－3”表示“二步3号点”）。

(3) 钢筋连接试样，委托人员宜采取挂签标识，标识内容包括：试件编号、种类、牌号规格、复试项目。

(4) 试配用水泥、砂、石、外加剂、掺合料等原材料，委托人员宜在试样的外包装上用毛笔标识，标识内容包括：材料名称、试件编号。

3. 试样标识管理要求

(1)现场试验人员取样后必须按规定进行标识，现场试验站不得出现无标识试样。

(2) 按计量认证要求，检测单位对来样进行盲样管理，因此试件上或其包装上不得反映施工单位及工程名称。

## 五、试验文件资料管理

1. 试验文件资料填写

(1)《试验方案》

《试验方案》是现场试验工作的指导性文件。建筑工程项目应按单位工程制定《试验方案》。

1)《试验方案》应在单位工程施工前，由项目技术负责人组织试验员及项目其他相关人员，根据结构设计、和工程进度等情况编制，并经项目技术负责人审批、签字。

2)《试验方案》应包括下列内容：

①工程概况：包括工程名称、地理位置、建筑面积、结构形式、地下和屋面防水形式等；

②施工单位、监理单位名称；

③工程特点：施工中与试验有关的难度较大的分项；所采用的新技术或新工艺、新材料如何进行取样、试验；

④需进行复试的原材料和各分项工程中包括的施工试验项目，还应明确见证试验的数量、取样部位；非见证试验的数量、取样部位；各种试验除必试项目之外，还需增加的必要检测项目；

⑤现场试验人员情况（含上岗证复印件）；

⑥现场试验站的建设情况（平面布置图）、试验仪器设备的配置情况（明细表）；

⑦现场试验站计量器具管理状况（明细表）；

⑧承接见证试验的检测单位情况（含相关资质证书的复印件）；

⑨现场试验站所检测的材料和检测项目（明细表）；

⑩承接常规试验的检测单位情况（含相关资质证书的复印件）；

⑪特殊检测项目及承接的检测单位的情况（列表）；

⑫试验检测流程图。

(2) 试验计划

单体工程应编制的试验计划包括：《工程试验计划表》、《见证取样和送检计划表》和《结构实体检验用同条件养护试件留置计划表》三种。

1)《工程试验计划表》

工程开工前，项目技术负责人应组织项目相关人员，依据工程施工进度表、工程预（概）算、是否采用预拌混凝土、材料库容量、各类材料试验周期以及相关检验标准共同编制《工程试验计划表》。

2)《见证取样和送检计划表》

单位工程施工前，项目技术负责人和建设（监理）单位应依据建设部《房屋建筑工程和市政基础设施工程实行见证取样和送检的规定》，以及相应的试验标准、各地方政府相关规定和单体工程的《工程试验计划表》，共同编制《见证取样和送检计划表》，也可在工程各类《工程试验计划表》的见证组数一栏中标出见证取样和送检数量。为使见证取样具有代表性，不宜集中，并针对重要部位、重要材料、新材料、新工艺、高强度、大规格构件进行相关的试验。

3)《结构实体检验用同条件养护试件留置计划表》

单体工程开工前，项目技术负责人和工长应依据《混凝土结构工程施工质量验收规范》(GB50204—2002) 中 10.1 条及附录 D 中的规定，共同编制《结构实体检验用同条件养护试件留置计划表》。

(3) 取样通知单

取样通知单由项目经理部相关部门制表，是现场取样工取样工作的惟一信息来源。现场试验员或取样工接到取样通知单后，方可进行取样试验或工作。

(4) 试验委托台账

试验委托台账是对各类试验数量、结果的归纳和总结，是安排委托时间、确定试样编号、寻求规律、了解质量信息、追溯试验报告的依据之一。

①《试样制作委托台账》的设计应遵循项目简单、功能齐全的原则。

②《试样制作委托台账》按试验类别建立，一般分为：水泥、砂、石（含轻骨料）、钢筋原材、砖（含砌块）、外加剂、粉煤灰、防水材料、钢筋连接、混凝土（力）、砂浆（力）、混凝土抗渗、土工及其他等类别。每类试件按单位工程单独进行顺序编号，且见证与常规试件实行大排行（混合编号）。编号一般只写顺序号，不得加年号。钢材接头的工艺检验（班前焊）应单独进行编号。

③当原材料或部分施工试验（包括接头、回填土等）经初试、复试或加倍取样复试结果不合格或不符合要求时，相应的委托台账上内容不得删除，应在备注中注明退货或返工

字样，重新进料或返工时，所取试件的试件编号仍采用原编号，但原报告不得进入交工资料。

④原材料试验代表数量应完全与进料单一致，不得对进场数量进行人为数字取舍。

（5）试验委托合同单

试验委托合同单可采用电子版和非电子版两种形式，一般由检测单位提供，由委托人员填写。

（6）资料移交记录

《试验资料移交记录》是试验员将试验报告移交给相应的管理部门或管理人员的一种凭证记录，是试验报告保存地点的反映。试验报告在经试验人员核查无误后，应及时办理移交手续。

（7）搅拌台及混凝土拌合物检查记录

包括《现场砂、石含水率测试记录》、《混凝土搅拌测温记录》、《混凝土养护测温记录》、《混凝土拌合物稠度、温度测试记录》、《混凝土开盘鉴定》、《大体积混凝土养护测温记录》、《见证管理资料》及《设备、仪器管理台账》。

2. 文件资料管理要求

（1）现场试验站要建立健全各类试验记录和试验台账，各种资料均要做到准确可靠、统一编号、字迹清楚、干净整齐，不得随意涂改、抽撤。

（2）现场试验站应备有相关的试验规范、规程、标准，且保证均为有效版本。

（3）试验员领取各类试验报告和配合比时，应及时复核，确认是否与所委托的材料、工程项目、施工部位、配合比申请相一致，确认无误后方可分类下发。

# 第二章 土 建 部 分

## 第一节 水 泥

水泥是现代建设中的重要建筑材料，用途极为广泛。它能由可塑性浆体变成坚硬的石状体，并能将砖、砂、石子和钢筋等材料凝结在一起，成为具有强度的坚硬整体；水泥加水后不但能在空气中变硬，而且能在潮湿空气及水中继续增长强度，所以建筑上把它称为水硬性胶凝材料。

水泥是以石灰质、黏土质以及铁矿粉等物料为主要原料，按比例配制成适当成分，经高温煅烧至部分熔融，冷却后成为粒状或块状的熟料，再加入适量的石膏和混合材料经磨细而制成的。

水泥品种很多，一般有硅酸盐水泥、铝酸盐水泥和硫铝酸盐水泥三大系列，其中以硅酸盐水泥系列的六大品种水泥最为常见。

### 一、相关的标准、规范、规程

1.《硅酸盐水泥、普通硅酸盐水泥》GB 175—1999；

2.《矿渣硅酸盐水泥、火山灰质硅酸盐水泥及粉煤灰硅酸盐水泥》GB 1344—1999；

3.《复合硅酸盐水泥》GB 12958—1999；

4.《水泥取样方法》GB 12573—1990。

### 二、基本概念

1. 常用水泥的定义与代号

(1) 硅酸盐水泥：凡由硅酸盐水泥熟料、0%～5%石灰石或粒化高炉矿渣、适量石膏磨细制成的水硬性胶凝材料，称为硅酸盐水泥（即国外通称的波特兰水泥）。硅酸盐水泥分两种类型，不掺加混合材料的称Ⅰ类硅酸盐水泥，代号P·I。在硅酸盐水泥粉磨时掺加不超过水泥质量5%石灰石或粒化高炉矿渣混合材料的称Ⅱ型硅酸盐水泥，代号P·Ⅱ。

(2) 普通硅酸盐水泥：凡由硅酸盐水泥熟料、6%～15%混合材料、适量石膏磨细制成的水硬性胶凝材料，称为普通硅酸盐水泥（简称普通水泥），代号P·O。

(3) 矿渣硅酸盐水泥：凡由硅酸盐水泥熟料和粒化高炉矿渣、适量石膏磨细制成的水硬性胶凝材料，称为矿渣硅酸盐水泥（简称矿渣水泥），代号P·S。水泥中粒化高炉矿渣掺加量按质量百分比计为20%～70%。允许用石灰石、窑灰、粉煤灰和火山灰质混合材料中的一种材料代替矿渣，代替数量不得超过水泥质量的8%，替代后水泥中粒化高炉矿渣不得少于20%。

(4) 火山灰质硅酸盐水泥：凡由硅酸盐水泥熟料和火山灰质混合材料、适量石膏磨细制成的水硬性胶凝材料称为火山灰质硅酸盐水泥（简称火山灰水泥），代号P·P。水泥中火山灰质混合材料掺量按质量百分比计为20%～50%。

（5）粉煤灰硅酸盐水泥：凡由硅酸盐水泥熟料和粉煤灰、适量石膏磨细制成的水硬性胶凝材料称为粉煤灰硅酸盐水泥（简称粉煤灰水泥），代号P·F。水泥中粉煤灰掺量按质量百分比计为20%～40%。

（6）复合硅酸盐水泥：凡由硅酸盐水泥熟料、两种或两种以上规定的混合材料、适量石膏磨细制成的水硬性胶凝材料，称为复合硅酸盐水泥（简称复合水泥），代号P·C。水泥中混合材料总掺加量按质量百分比计应大于15%，但不超过50%。

水泥中允许用不超过8%的窑灰代替部分混合材料；掺矿渣时混合材料掺量不得与矿渣硅酸盐水泥重复。

2. 其他相关概念

（1）验收：建筑工程在施工单位自行质量检查评定的基础上，参与建设活动的有关单位共同对检验批、分项、分部、单位工程的质量进行抽样复验，根据相关标准以书面形式对工程质量达到合格与否做出确认。

（2）进场验收：对进入施工现场的材料、构配件、设备等按相关标准规定要求进行检验，对产品达到合格与否做出确认。

（3）检验批：按同一的生产条件或按规定的方式汇总起来供检验用的，有一定数量样本组成的检验体。

（4）检验：对检验项目中的性能进行量测、检查、试验等，并将结果与标准规定要求进行比较，以确定每项性能是否合格所进行的活动。

（5）水硬性胶凝材料：既能在空气中硬化，又能在水中硬化的胶凝材料。

（6）气硬性胶凝材料：只能在空气中硬化，而不能在水中硬化的胶凝材料。

（7）硅酸盐水泥熟料：凡以适当成分的生料烧至部分熔融，所得以硅酸钙为主要成分的产物称之硅酸盐水泥熟料（简称熟料）。

（8）粒化高炉矿渣：凡在高炉冶炼生铁时，所得以硅酸钙与铝硅酸钙为主要成分的熔融物，经淬冷成粒后，即为粒化高炉矿渣。

（9）窑灰：从水泥回转窑窑尾废气中收集的粉尘。

（10）火山灰质混合材料：凡天然或人工的以氧化硅、氧化铝为主要成分的矿物质材料，本身磨细加水拌合并不硬化，但与气硬性石灰混合后，再加水拌合，则不但能在空气中硬化，而且能在水中继续硬化者，称为火山灰质混合材料。

3. 常用水泥的分类

常用水泥的品种、代号及等级见表2-1（等级后面带“R”的为早强型水泥）。

**常用水泥品种、代号及等级　　表2-1**

| 水泥品种 | 代号 | 强度等级 | | | | | | | |
|---|---|---|---|---|---|---|---|---|---|
| 硅酸盐水泥 | P·I、P·Ⅱ | — | — | 42.5 | 42.5R | 52.5 | 52.5R | 62.5 | 62.5R |
| 普通硅酸盐水泥 | P·O | 32.5 | 32.5R | 42.5 | 42.5R | 52.5 | 52.5R | — | — |
| 矿渣硅酸盐水泥 | P·S | 32.5 | 32.5R | 42.5 | 42.5R | 52.5 | 52.5R | — | — |
| 火山灰质硅酸盐水泥 | P·P | 32.5 | 32.5R | 42.5 | 42.5R | 52.5 | 52.5R | — | — |
| 粉煤灰硅酸盐水泥 | P·F | 32.5 | 32.5R | 42.5 | 42.5R | 52.5 | 52.5R | — | — |
| 复合硅酸盐水泥 | P·C | 32.5 | 32.5R | 42.5 | 42.5R | 52.5 | 52.5R | — | — |

4. 常用水泥的技术指标

(1) 常用水泥的技术要求

常用水泥的技术要求见表 2-2。

**常用水泥技术指标** **表 2-2**

| 检测项目 | | 水泥品种 | | | | | | |
|---|---|---|---|---|---|---|---|---|
| | | P·I | P·Ⅱ | P·O | P·S | P·P | P·F | P·C |
| 细度 | 比表面积（$m^2/kg$） | ＞300 | | — | | | | |
| | 80$\mu$m 筛筛余（%） | — | | ≤10 | | | | |
| 凝结时间 | 初凝时间（不得早于） | 45min | | | | | | |
| | 终凝时间（不得迟于） | 6.5h | | 10h | | | | |
| 安定性 | | 用沸煮法检验必须合格 | | | | | | |
| 三氧化硫 | | ≤3.5% | | | ≤4% | ≤3.5% | | |
| 氧化镁 | | 熟料中不宜超过 5.0%，如经蒸压安定性试验合格，允许放宽到 6.0% | | | | | | |
| 不溶物（%） | | ≤0.75 | ≤1.5 | — | — | | | |
| 烧失量（%） | | ≤3.0 | ≤3.5 | ≤5.0 | — | | | |
| $Na_2O + 0.658K_2O$ | | 要求低碱水泥时≤0.6%或协商 | | | 协商 | | | |
| 强度（$N/mm^2$） | | 见表 2-3 | | | | | | |

(2) 水泥强度等级的划分

水泥强度等级按规定龄期的抗压强度和抗折强度来划分，各强度等级水泥的各龄期强度不得低于表 2-3 中的数值。

**水泥各龄期强度规定值** **表 2-3**

| 品种 | 强度等级 | 抗压强度（$N/mm^2$） | | 抗折强度（$N/mm^2$） | |
|---|---|---|---|---|---|
| | | 3d | 28d | 3d | 28d |
| 硅酸盐水泥 | 42.5 | 17.0 | 42.5 | 3.5 | 6.5 |
| | 42.5R | 22.0 | 42.5 | 4.0 | 6.5 |
| | 52.5 | 23.0 | 52.5 | 4.0 | 7.0 |
| | 52.5R | 27.0 | 52.5 | 5.0 | 7.0 |
| | 62.5 | 28.0 | 62.5 | 5.0 | 8.0 |
| | 62.5R | 32.0 | 62.5 | 5.5 | 8.0 |
| 普通硅酸盐水泥<br>复合硅酸盐水泥 | 32.5 | 11.0 | 32.5 | 2.5 | 5.5 |
| | 32.5R | 16.0 | 32.5 | 3.5 | 5.5 |
| | 42.5 | 16.0 | 42.5 | 3.5 | 6.5 |
| | 42.5R | 21.0 | 42.5 | 4.0 | 6.5 |
| | 52.5 | 22.0 | 52.5 | 4.0 | 7.0 |
| | 52.5R | 26.0 | 52.5 | 5.0 | 7.0 |
| 矿渣硅酸盐水泥<br>火山灰质硅酸盐水泥<br>粉煤灰硅酸盐水泥 | 32.5 | 10.0 | 32.5 | 2.5 | 5.5 |
| | 32.5R | 15.0 | 32.5 | 3.5 | 5.5 |
| | 42.5 | 15.0 | 42.5 | 3.5 | 6.5 |
| | 42.5R | 19.0 | 42.5 | 4.0 | 6.5 |
| | 52.5 | 21.0 | 52.5 | 4.0 | 7.0 |
| | 52.5R | 23.0 | 52.5 | 4.5 | 7.0 |

(3) 水泥的放射性指标限量

水泥的放射性指标限量应符合表 2-4 的规定。

**水泥的放射性指标限量** **表 2-4**

| 测定项目 | 限　量 | 测定项目 | 限　量 |
|---|---|---|---|
| 内照射指数 | ≤1.0 | 外照射指数 | ≤1.0 |

(4) 常用水泥的使用范围

常用水泥的使用范围见表 2-5。

**常用水泥的使用范围** **表 2-5**

| 水 泥 品 种 | 适 用 范 围 | |
|---|---|---|
| | 适 用 于 | 不适用于 |
| 硅 酸 盐 水 泥 | 1. 配制高强度混凝土;<br>2. 先张预应力制品;<br>3. 道路;<br>4. 低温下施工的工程 | 1. 大体积混凝土;<br>2. 地下工程 |
| 普通硅酸盐水泥 | 适应性较强，无特殊要求的混凝土工程都可以使用 | |
| 矿渣硅酸盐水泥 | 1. 地面、地下、水中各种混凝土工程;<br>2. 高温车间建筑 | 需要早强和受冻融循环干湿交替的工程 |
| 火山灰质硅酸盐水泥<br>粉煤灰硅酸盐水泥<br>复合硅酸盐水泥 | 1. 地下工程、大体积混凝土工程;<br>2. 一般工业和民用建筑 | 需要早强和受冻融循环干湿交替的工程 |

## 三、必试项目及组批原则

1. 常用水泥的必试项目

(1) 在下列情况下水泥必须进行复试，并提供试验报告：

① 用于承重结构的水泥；

② 用于使用部位有强度等级要求的水泥；

③ 水泥出厂超过三个月（快硬硅酸盐水泥出厂超过一个月）；

④ 进口水泥。

(2) 常用水泥的必试项目有：

① 胶砂强度；

② 安定性；

③ 凝结时间。

2. 常用水泥的组批原则

(1) 散装水泥：对同一水泥厂生产的同期出厂的同品种、同强度等级的水泥，以一次进场的同一出厂编号的水泥为一批。但一批的总量不得超过 500t；

(2) 袋装水泥：对同一水泥厂生产的同期出厂的同品种、同强度等级的水泥，以一次进场的同一出厂编号的水泥为一批。但一批的总量不得超过 200t；

(3) 存放期超过三个月的水泥，使用前必须按批量重新取样进行复验，并按复验结果使用；

(4) 建筑施工企业可按单位工程取样；但同一工程的不同单体工程共用水泥库时可以

实施联合取样；

(5) 构件厂、搅拌站应在水泥进厂（站）时取样，并根据贮存、使用情况定期复检。

## 四、水泥标志

袋装水泥包装袋上应清楚注明：产品名称、代号、净含量、强度等级、生产许可证编号、生产厂家名称和地址、出厂编号、执行标准号及包装日期。掺火山灰质混合材料的水泥还应标有“掺火山灰”字样。包装袋两侧应印有水泥名称和强度等级。硅酸盐水泥和普通硅酸盐水泥的印刷采用红色；矿渣水泥的印刷采用绿色；火山灰水泥、粉煤灰水泥和复合硅酸盐水泥的印刷采用黑色。

散装水泥应提交与袋装水泥标志相同内容的卡片。

## 五、取样方法及数量

对已进入现场的水泥，视存放情况，应抽取试样复验其强度、安定性和凝结时间。水泥取样应按下述规定进行：

(1) 散装水泥：按照规定的组批原则，随机地从不少于 3 个车罐中各采集等量水泥，经混拌均匀后，再从中称取不少于 12kg 水泥作为检验试样。取样选用“槽形管状取样器”（见图 2-1），通过转动取样器内管控制开关，在适当位置插入水泥一定深度，关闭后小心抽出。将所取样品放入洁净、干燥、不易受污染的容器中。

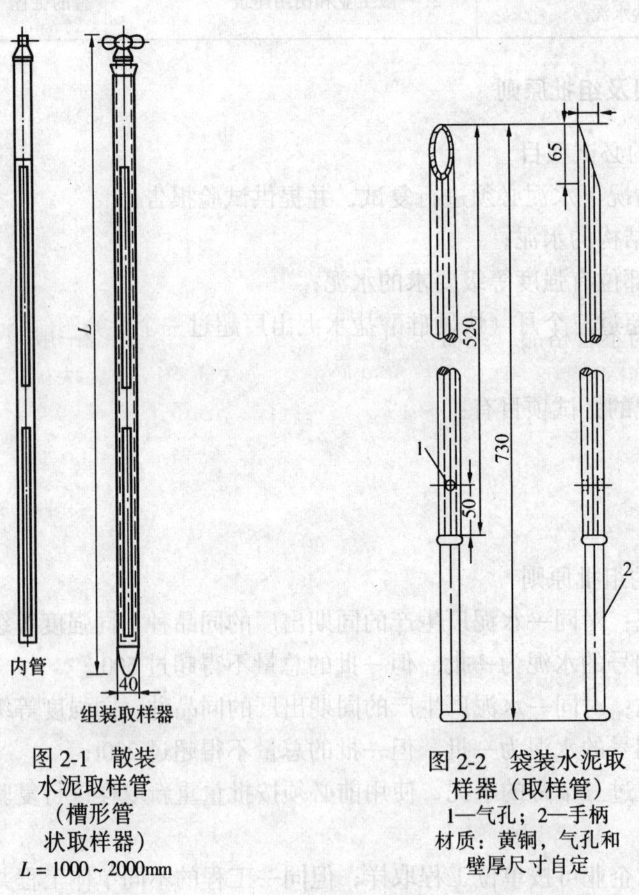


图 2-1 散装水泥取样管（槽形管状取样器）
$L = 1000 \sim 2000$mm

图 2-2 袋装水泥取样器（取样管）
1—气孔；2—手柄
材质：黄铜，气孔和壁厚尺寸自定

（2）袋装水泥：按照规定的组批原则，随机地从不少于20袋中各采集等量水泥，经混拌均匀后，再从中称取不少于12kg水泥作为检验试样。取样选用“取样管”（见图2-2），将取样管插入水泥袋适当深度，用大拇指按住气孔，小心抽出取样管，将所取样品放入洁净、干燥、不易受污染的容器中。

## 六、试验结果判定

1. 试验结果判定

（1）合格品

各龄期的抗压强度和抗折强度，均不小于“表2-3”中相对应龄期的数值，并且符合相应技术要求的水泥，判定为合格品。

（2）废品

P·I、P·Ⅱ、P·O、P·S、P·F、P·P、P·C水泥，凡氧化镁、三氧化硫、初凝时间和安定性中的任一项指标不符合“表2-2”中规定的指标值，均判定为废品。

（3）不合格品

P·I、P·Ⅱ、P·O、P·S、P·F、P·P、P·C水泥，凡细度、终凝时间、不溶物和烧失量中的任一项指标不符合“技术要求”中规定的指标值；混合材料掺加量超过最大限量或强度（包括抗压强度、抗折强度）低于商品强度等级所规定的指标时，判为不合格品。

水泥包装标志中水泥品种、强度等级、生产者名称和出厂编号不全的也属于不合格品。

2. 不合格试样处理

（1）退货

水泥经试验，被判定为废品（初凝时间和安定性不合格）时，在厂家无争议的情况下，应予退货；如厂家对试验结果有争议，可利用检测单位留存的备用试样，委托具有资质的仲裁机构进行复试，依仲裁结果而定。

（2）降级使用

经试验被判定为不合格品（终凝时间和强度不合格）的水泥，一般应作退货处理；也可在征得甲方、监理同意的前提下，根据试验结果确定使用范围。抹灰、砌筑也需要做强度复试。

## 七、水泥现场取样相关的注意事项

水泥是混凝土建筑结构的基本材料，水泥的质量直接关系到混凝土结构的强度和建筑物的耐久性，在现场取样时要注意以下方面：

1. 注意区分散装水泥和袋装水泥组批规则的不同，散装水泥每500t为一个取样单位；袋装水泥每200t为一个取样单位。

2. 袋装水泥取样时应严格按规定进行，用“取样管”从不少于20袋水泥中采集出等量水泥，混拌均匀后，再从中称取不少于12kg作为送检试样，不应随意从任一袋或几袋中取样，否则水泥试样缺乏代表性，缺乏代表性的试样会造成试验结果的错判或误判。

3. 水泥是水硬性胶凝材料，易吸收空气中的水分，造成水泥板结，降低强度、影响使用。所以，在现场取样后不要久留，应尽快去检测单位办理委托手续，盛装试样的容器应密封。

4. 水泥是时效性材料（随着时间的变化性能发生改变的材料），在贮存期间，水泥原来细小的颗粒将聚集成较粗的颗粒，降低水泥活性（强度），并引起凝结时间的变化。标准规定，水泥出厂3个月后要重新取样进行试验，应注意现场水泥的存放、使用情况，提前到检测单位进行委托试验。一般贮存3个月的水泥，强度降低10%以上，且潮湿地区强度降低得更多，故常用六大品种水泥贮存期为3个月。

## 第二节　砂

### 一、相关的标准、规范、规程

1.《普通混凝土用砂质量标准及检验方法》JGJ 52—92；

2.《建筑用砂》GB/T 14684—2001；

3.《人工砂应用技术规程》DBJ/T01—65—2002。

### 二、基本概念

1. 建筑用砂的分类

建筑用砂可分为天然砂和人工砂，天然砂包括河砂、湖砂、山砂、淡化海砂；人工砂包括机制砂和混合砂。各类砂根据粒径大小又分为粗砂、中砂和细砂。人工砂按照技术指标又分为Ⅰ类、Ⅱ类、Ⅲ类。

2. 名词解释：

建筑用砂：建筑工程中混凝土及其制品和建筑砂浆用砂。

（1）天然砂：由自然风化、水流搬运和分选、堆积形成的，粒径小于4.75mm的岩石颗粒，但不包括软质岩、风化岩石的颗粒。

（2）人工砂：经除土处理的机制砂、混合砂的统称。

（3）机制砂：由机械破碎、筛分制成的，粒径小于4.75mm的岩石颗粒，但不包括软质岩、风化岩石的颗粒。

（4）混合砂：由机制砂和天然砂混合制成的砂。

（5）砂的细度模数：衡量砂粗细度的指标（GB/T14684）。

（6）砂的含泥量：是砂中粒径小于0.08mm颗粒的含量（JGJ52）。

（7）砂的泥块含量：是指砂中原粒径大于1.25mm，经水洗、手捏后变成小于0.063mm颗粒的含量（JGJ52）。

（8）亚甲蓝MB值：用于判定人工砂中粒径小于75μm颗粒含量主要是泥土还是与被加工母岩化学成分相同的石粉的指标（GB/T 14684）。

（9）压碎指标：用于检验人工砂在自然风化和其他外界物理化学因素作用下抵抗破裂的能力及控制其颗粒形状的技术指标（DBJ/T01—65）。

（10）碱活性骨料：指拌制混凝土的砂石骨料中含有能与游离钾、钠发生化学反应，其反应生成物吸水膨胀的岩石或矿物。

（11）人工四分法缩分试样的方法：将所取试样置于平板上，在潮湿状态下拌合均匀，并堆成厚度约为20mm的“圆饼”，然后用沿互相垂直的两条直径把“圆饼”分成大致相等的四份，取其对角的两份重新拌匀，再堆成“圆饼”，重复上述过程，直至缩分后的质量略多于进行试验所需的量为止。

3. 各类建筑用砂的技术指标

(1) 细度模数

砂根据细度模数（$\mu_f$）的不同划分为粗砂、中砂和细砂：

粗砂：$\mu_f = 3.7 \sim 3.1$；

中砂：$\mu_f = 3.0 \sim 2.3$；

细砂：$\mu_f = 2.2 \sim 1.6$。

(2) 天然砂中含泥量、泥块含量的限值

天然砂中含泥量、泥块含量的限值见表2-6。

**天然砂中含泥量、泥块含量限值** **表2-6**

| 混凝土强度等级 | 大于或等于C30 | 小于C30 |
|---|---|---|
| 含泥量（按质量计%） | ≤3.0 | ≤5.0 |
| 泥块含量（按质量计%） | ≤1.0 | ≤2.0 |

注：1. 对有抗冻、抗渗或其他特殊要求的混凝土用砂，含泥量应不大于3.0%；
2. 对有抗冻、抗渗或其他特殊要求的混凝土用砂，其泥块含量应不大于1.0%；
3. 对于C10和C10以下的混凝土用砂，应根据水泥强度等级，其含泥量、泥块含量可予以放宽。

(3) 人工砂中的石粉含量、泥块含量的限值

人工砂中的石粉含量、泥块含量的限值见表2-7。

**人工砂中的石粉含量、泥块含量的限值** **表2-7**

| 项目 \ 类别 | | | | Ⅰ类 | Ⅱ类 | Ⅲ类 |
|---|---|---|---|---|---|---|
| 1 | 亚甲蓝试验 | MB值<1.40或合格 | 石粉含量（按质量计%） | <3.0 | <5.0 | <7.0 |
| 2 | | | 泥块含量（按质量计%） | 0 | <1.0 | <2.0 |
| 3 | | MB值≥1.40或不合格 | 石粉含量（按质量计%） | <1.0 | <3.0 | <5.0 |
| 4 | | | 泥块含量（按质量计%） | 0 | <1.0 | <2.0 |

(4) 人工砂的压碎指标值

人工砂的压碎指标值应符合表2-8的规定。

**人工砂的压碎指标值** **表2-8**

| 项目 | 指标 | | |
|---|---|---|---|
| | Ⅰ类 | Ⅱ类 | Ⅲ类 |
| 单级最大压碎指标（%）< | 20 | 25 | 30 |

(5) 砂的放射性指标限量

砂的放射性指标限量应符合表2-9的规定。

**砂的放射性指标限量** **表2-9**

| 测定项目 | 限量 | 测定项目 | 限量 |
|---|---|---|---|
| 内照射指数 | ≤1.0 | 外照射指数 | ≤1.0 |

(6) 碱活性检验

对重要工程的混凝土所使用的砂应进行碱活性检验。砂的碱活性检验一般采用砂浆长度法，砂与水泥搅拌后成型的砂浆棒，依据其养护至规定龄期的膨胀率，划分成A、B、C、D四种。

A种：非碱活性骨料　　膨胀量≤0.02%；

B种：低碱活性骨料　　0.02%<膨胀量≤0.06%；

C种：碱活性骨料　　0.06%<膨胀量≤0.10%；

D种：高碱活性骨料　　膨胀量>0.10%。

## 三、必试项目及组批原则

1. 必试项目

(1) 天然砂的必试项目有：筛分析；含泥量；泥块含量。

(2) 人工砂的必试项目有：筛分析；石粉含量（含亚甲蓝试验）；泥块含量；压碎指标。

2. 组批原则

砂试验应以同一产地、同一规格、同一进场时间，每400m³或600t为一验收批，不足400m³或600t时亦为一验收批。

## 四、取样方法

1. 在砂料堆上取样时，部位应均匀分布，先将取样部位的表层铲除，然后由各部位抽取大致相等的试样8份（天然砂每份11kg以上，人工砂每份26kg以上），搅拌均匀后用四分法缩分至22kg（天然砂）或52kg（人工砂）组成一组试样。

2. 从皮带运输机上取样时，应在皮带运输机机尾的出料处，用接料器定时抽取试样，并由4份试样（天然砂每份22kg以上，人工砂每份52kg以上）搅拌均匀后用四分法缩分至22kg（天然砂）或52kg（人工砂）组成一组试样。

3. 建筑施工企业应按单位工程分别取样。同一工程的不同单体工程共同使用同一料场时，可以实施联合取样。

4. 构件厂、搅拌站应在砂进场时取样，并根据贮存、使用情况定期复验。

## 五、试验结果判定

1. 试验结果判定

(1) 砂的筛分析试验结果是相对的。例如拌制混凝土宜用中砂，但并不是说粗砂和细砂绝对不能拌制任何等级的混凝土。

(2) 砂的含泥量指标：

① 拌制大于或等于C30级的混凝土及有抗冻、抗渗或其他特殊要求的混凝土用砂，含泥量应不大于3.0%；

② 拌制小于C30级的混凝土，含泥量应不大于5.0%；

③ 拌制水泥砂浆和强度等级不小于M5的水泥混合砂浆，砂的含泥量不应超过5.0%；对强度等级小于M5的水泥混合砂浆，砂的含泥量不应超过10.0%。

（3）砂的泥块含量指标：

① 拌制大于或等于 C30 级的混凝土及有抗冻、抗渗或其他特殊要求的混凝土用砂，砂的泥块含量应不大于 1.0%；

② 拌制小于 C30 级的混凝土，泥块含量应不大于 2.0%；

（4）对于 C10 和 C10 以下的混凝土用砂，应根据水泥强度等级，其含泥量、泥块含量可予以放宽。

（5）（人工）砂按技术要求分为Ⅰ类、Ⅱ类、Ⅲ类（指标值见表 2-7、表 2-8）；Ⅰ类宜用于强度等级大于 C60 的混凝土；Ⅱ类宜用于强度等级 C30 ~ C60 及有抗冻、抗渗或其他要求的混凝土；Ⅲ类宜用于强度等级小于 C30 的混凝土和建筑砂浆。

2. 不合格砂的处理

（1）退货

如其试验结果不符合供货合同规定的技术要求，且无法改作其他用途，应对已进场的砂子进行退货处理。

（2）改作其他用途

如其试验结果不符合供货合同规定的技术要求，但经供用双方协商可改作他用。例如：已进场砂的含泥量为 4%，不能用作拌制 C30 级的混凝土，但可以用作拌制 C25 及其以下强度等级的混凝土或拌制砌筑砂浆。

### 六、砂现场取样注意事项

1. 由于进入现场的砂存在着质量波动，而且堆放在不同部位的砂也有差异，所以取样时要注意代表性；按照标准要求，取样部位应均匀分布（砂堆底部石子及泥块偏多），且要将取样部位的表层铲除后（表面含泥量大）再采集。

2. 当同一取样批的砂子存在明显质量差异时，应针对其质量增加取样复试频次，以防质量较差的砂子影响混凝土或砂浆的性能。

3. 河砂进场时，往往含水率较大，砂粒表面有一层水膜，视觉效果显得比实际的粗，如果对砂子的粗细程度有怀疑，宜将湿砂晾干或炒干后，观察其粗细。

### 七、砂子的品质对混凝土及砂浆质量的影响

1. 砂子的粗细（规格）对混凝土及砂浆性能的影响

配制混凝土及砂浆，宜用中砂。用粗砂配制混凝土及砂浆时，和易性较差，保水性能差，泌水率高，不利于混凝土泵送，影响混凝土浇筑或砂浆砌筑。

细砂或特细砂配制的混凝土或砂浆，硬化后收缩量较大，如施工手段不得力，容易产生收缩裂纹。同时特细砂，需经试验论证，确认符合规范要求时方可使用。

2. 砂子含泥量及泥块含量对混凝土及砂浆性能的影响

含泥量严重影响骨料与水泥石的粘结，降低和易性，增加用水量，影响混凝土的干缩和抗冻性。

泥块对混凝土的抗压、抗渗、抗冻及收缩等性能均有不同程度的影响，尤其是包裹型的泥尤为严重。泥遇水成浆状，胶结在一粒或数粒砂子表面，不易分离。在混凝土中与水泥起隔离作用，影响到水泥石的粘结力。故对混凝土或砂浆中用砂的泥块含量分别作了规

定。但泥块含量对于小于C10级的混凝土影响很小，应根据水泥强度等级予以放宽。

## 第三节 碎（卵）石

### 一、相关的标准、规范、规程

1.《普通混凝土用碎石或卵石质量标准及检验方法》JGJ 53—92；

2.《建筑用碎石、卵石》GB/T 14685—2001。

### 二、基本概念

1.碎石、卵石相关定义

（1）碎石

①《普通混凝土用碎石或卵石质量标准及检验方法》JGJ 53—92中规定：由天然岩石或卵石经破碎、筛分而得的粒径大于5mm的岩石颗粒。

②《建筑用碎石、卵石》GB/T 14685—2001中规定：天然岩石或卵石经机械破碎、筛分制成的，粒径大于4.75mm的岩石颗粒。

（2）卵石

①《普通混凝土用碎石或卵石质量标准及检验方法》JGJ 53—92中规定：由自然条件作用而形成的，粒径大于5mm的岩石颗粒。

②《建筑用碎石、卵石》GB/T 14685—2001中规定：由自然风化、水流搬运和分选、堆积形成的、粒径大于4.75mm的岩石颗粒。

（3）针、片状颗粒：凡岩石颗粒的长度大于该颗粒所属粒级的平均粒径2.4倍者为针状颗粒；厚度小于平均粒径0.4倍者为片状颗粒。平均粒径指该粒级上、下限粒径的平均值。

（4）含泥量：粒径小于0.080mm颗粒的含量。

（5）泥块含量：骨料中粒径大于5mm，经水洗、手捏后变成小于2.5mm的颗粒的含量。

（6）压碎指标值：碎石或卵石抵抗压碎的能力。

（7）坚固性：碎石或卵石在气候、环境变化或其他物理因素作用下抵抗碎裂的能力。

2.碎石、卵石的分类

《建筑用碎石、卵石》GB/T 14685—2001中，碎石、卵石按照技术指标可分为Ⅰ类、Ⅱ类、Ⅲ类。Ⅰ类宜用于强度等级大于C60的混凝土；Ⅱ类宜用于强度等级C30～C60及抗冻、抗渗或其他要求的混凝土；Ⅲ类宜用于强度等级小于C30的混凝土。

3.碎（卵）石的技术指标

（1）《普通混凝土用碎石或卵石质量标准及检验方法》JGJ 53—92中规定

①颗粒级配：根据不同粒径的组合情况，碎石或卵石分为单粒级和连续粒级。单粒级宜用于组合成具有要求级配的连续粒级，也可与连续粒级混合使用，以改善其级配或配成较大粒度的连续粒级。不宜用单一的单粒级配制混凝土。如必须单独使用，则应作技术经济分析，并应通过试验证明不会发生离析或影响混凝土的质量。

单粒级石子，粒径较大的石子偏多，缺少小颗粒的石子，其堆积密度小，空隙率较大，用其单独配制混凝土时，混凝土和易性差，易发生离析、堵泵现象，且每立方米混凝土的水泥用量增加，提高了工程成本。

碎石或卵石的颗粒级配应符合表 2-10 的规定。

**碎石或卵石的颗粒级配范围　　表 2-10**

| 级配情况 | 公称粒级（mm） | 累计筛余　按重量计（%）　筛孔尺寸　（圆孔筛 mm） | | | | | | | | | | | |
|---|---|---|---|---|---|---|---|---|---|---|---|---|---|
| | | 2.50 | 5.00 | 10.0 | 16.0 | 20.0 | 25.0 | 31.5 | 40.0 | 50.0 | 63.0 | 80.0 | 100 |
| 连续粒级 | 5~10 | 95~100 | 80~100 | 0~15 | 0 | — | — | — | — | — | — | — | — |
| | 5~16 | 95~100 | 90~100 | 30~60 | 0~10 | 0 | — | — | — | — | — | — | — |
| | 5~20 | 95~100 | 90~100 | 40~70 | — | 0~10 | 0 | — | — | — | — | — | — |
| | 5~25 | 95~100 | 90~100 | — | 30~70 | — | 0~5 | 0 | — | — | — | — | — |
| | 5~31.5 | 95~100 | 90~100 | 70~90 | — | 15~45 | — | 0~5 | 0 | — | — | — | — |
| | 5~40 | — | 95~100 | 75~90 | — | 30~65 | — | — | 0~5 | 0 | — | — | — |
| 单粒级 | 10~20 | — | 95~100 | 85~100 | — | 0~15 | 0 | — | — | — | — | — | — |
| | 16~31.5 | — | 95~100 | — | 85~100 | — | — | 0~10 | 0 | — | — | — | — |
| | 20~40 | — | — | 95~100 | — | 80~100 | — | — | 0~10 | 0 | — | — | — |
| | 31.5~63 | — | — | — | 95~100 | — | — | 75~100 | 45~75 | — | 0~10 | 0 | — |
| | 40~80 | — | — | — | — | 95~100 | — | — | 70~100 | — | 30~60 | 0~10 | 0 |

②碎石或卵石中的针、片状颗粒含量

碎石或卵石中针、片状颗粒含量应符合表 2-11 的规定。

**针、片状颗粒含量　　表 2-11**

| 混凝土强度等级 | 大于或等于 C30 | 小于 C30 |
|---|---|---|
| 针、片状颗粒含量（按质量计%） | ≤15 | ≤25 |

③碎石或卵石中的含泥量

碎石或卵石中的含泥量应符合表 2-12 的规定。

**碎石或卵石中的含泥量　　表 2-12**

| 混凝土强度等级 | 大于或等于 C30 | 小于 C30 |
|---|---|---|
| 含泥量（按质量计%） | ≤1.0 | ≤2.0 |

对有抗冻、抗渗或其他特殊要求的混凝土，其所用碎石或卵石的含泥量不应大于 1.0%。如含泥基本上是非黏土质的石粉时，含泥量可由表 2-12 的 1.0%、2.0%，分别提高到 1.5%、3.0%；等于及小于 C10 级的混凝土用碎石或卵石，其含泥量可放宽到 2.5%。

④碎石或卵石中的泥块含量

碎石或卵石中的泥块含量应符合表 2-13 的规定。

**碎石或卵石中的泥块含量　　　　表 2-13**

| 混凝土强度等级 | 大于或等于 C30 | 小于 C30 |
|---|---|---|
| 泥块含量（按质量计%） | ≤0.5 | ≤0.7 |

有抗冻、抗渗或其他特殊要求的混凝土，其所用碎石或卵石的泥块含量应不大于 0.5%；对等于或小于 C10 级的混凝土用碎石或卵石，其泥块含量可放宽到 1.0%。

⑤碎石、卵石的压碎指标值

a. 碎石的压碎指标值

碎石的强度可用岩石的抗压强度和压碎指标值表示。岩石强度首先应由生产单位提供，工程中可采用压碎指标值进行质量控制，碎石的压碎指标值宜符合表 2-14 的规定。混凝土强度等级为 C60 及以上时，应进行岩石抗压强度检验，其他情况下，如有怀疑或认为有必要时也可进行岩石的抗压强度检验。岩石的抗压强度与混凝土强度等级之比不应小于 1.5，且火成岩强度不宜低于 80MPa，变质岩不宜低于 60MPa，水成岩不宜低于 30MPa。

**碎石的压碎指标值　　　　表 2-14**

| 岩 石 品 种 | 混凝土强度等级 | 碎石压碎指标值（%） |
|---|---|---|
| 水 成 岩 | C55～C40 | ≤10 |
| | ≤C35 | ≤16 |
| 变质岩或深成的火成岩 | C55～C40 | ≤12 |
| | ≤C35 | ≤20 |
| 火 成 岩 | C55～C40 | ≤13 |
| | ≤C35 | ≤30 |

注：水成岩包括石灰岩，砂岩等。变质岩包括片麻岩、石英岩等。深成的火成岩包括花岗岩、正长岩、闪长岩和橄榄岩等。喷出的火成岩包括玄武岩和辉绿岩等。

b. 卵石的压碎指标值

卵石的强度用压碎指标值表示。其压碎指标值宜按表 2-15 的规定采用。

**卵石的压碎指标值　　　　表 2-15**

| 混凝土强度等级 | C55～C40 | ≤C35 |
|---|---|---|
| 压碎指标值（%） | ≤12 | ≤16 |

⑥碱活性检验

对重要工程的混凝土所使用的碎石或卵石应进行碱活性检验。石子的碱活性检验一般采用砂浆长度法，用破碎成的 0.15～0.63mm 石子与水泥搅拌后成型的砂浆棒，依据其养护至规定龄期的膨胀率，划分成 A、B、C、D 四种。

A 种：非碱活性骨料　　　膨胀量≤0.02%；

B 种：低碱活性骨料　　　0.02%＜膨胀量≤0.06%；

C 种：碱活性骨料　　　　0.06%＜膨胀量≤0.10%；

D 种：高碱活性骨料　　　膨胀量＞0.10%。

(2)《建筑用碎石、卵石》GB/T 14685—2001 中规定

①颗粒级配

石子的颗粒级配应符合表 2-16 的要求。

颗 粒 级 配　　表 2-16

| 级配情况 | 公称粒级（mm） | 累计筛余（%）筛孔尺寸（方筛孔 mm） | | | | | | | | | | | |
|---|---|---|---|---|---|---|---|---|---|---|---|---|---|
| | | 2.36 | 4.75 | 9.50 | 16.0 | 19.0 | 26.5 | 31.5 | 37.5 | 53.0 | 63.0 | 75.0 | 90 |
| 连续粒级 | 5～10 | 95～100 | 80～100 | 0～15 | 0 | | | | | | | | |
| | 5～16 | 95～100 | 85～100 | 30～60 | 0～10 | 0 | | | | | | | |
| | 5～20 | 95～100 | 90～100 | 40～80 | — | 0～10 | 0 | | | | | | |
| | 5～25 | 95～100 | 90～100 | — | 30～70 | — | 0～5 | 0 | | | | | |
| | 5～31.5 | 95～100 | 90～100 | 70～90 | — | 15～45 | — | 0～5 | 0 | | | | |
| | 5～40 | — | 95～100 | 70～90 | — | 30～65 | — | — | 0～5 | 0 | | | |
| 单粒粒级 | 10～20 | | 95～100 | 85～100 | | 0～15 | 0 | | | | | | |
| | 16～31.5 | | 95～100 | | 85～100 | | | 0～10 | 0 | | | | |
| | 20～40 | | | 95～100 | | 80～100 | | | 0～10 | 0 | | | |
| | 31.5～63 | | | | 95～100 | | | 75～100 | 45～75 | | 0～10 | 0 | |
| | 40～80 | | | | | 95～100 | | | 70～100 | | 30～60 | 0～10 | 0 |

②各类碎石、卵石的针片状颗粒含量应符合表 2-17 的规定。

针片状颗粒含量　　表 2-17

| 项　目 | 指　标 | | |
|---|---|---|---|
| | Ⅰ类 | Ⅱ类 | Ⅲ类 |
| 针片状颗粒（按质量计），% < | 5 | 15 | 25 |

③各类卵石、碎石的含泥量和泥块含量应符合表 2-18 的规定。

含泥量和泥块含量　　表 2-18

| 项　目 | 指　标 | | |
|---|---|---|---|
| | Ⅰ类 | Ⅱ类 | Ⅲ类 |
| 含泥量（按质量计），% | <0.5 | <1.0 | <1.5 |
| 泥块含量（按质量计），% | 0 | <0.5 | <0.7 |

④各类碎石或卵石的压碎指标值应符合表 2-19 的规定。

压 碎 指 标　　表 2-19

| 项　目 | 指　标 | | |
|---|---|---|---|
| | Ⅰ类 | Ⅱ类 | Ⅲ类 |
| 碎石压碎指标，< | 10 | 20 | 30 |
| 卵石压碎指标，< | 12 | 16 | 16 |

⑤碎石或卵石的放射性指标限量应符合表 2-20 的规定。

碎石或卵石的放射性指标限量　　表 2-20

| 测定项目 | 限　量 | 测定项目 | 限　量 |
|---|---|---|---|
| 内照射指数 | ≤1.0 | 外照射指数 | ≤1.0 |

⑥碱活性检验同 JGJ53—92。

## 三、必试项目及组批原则

1. 碎（卵）石的必试项目

(1) 筛分析；

(2) 含泥量；

(3) 泥块含量；

(4) 针状和片状颗粒的总含量；

(5) 压碎指标值。

2. 组批原则

碎（卵）石试验应以同一产地、同一规格、同一进场时间，每 $400m^3$ 或 600t 为一验收批，不足 $400m^3$ 或 600t 时，亦为一验收批。

## 四、试样取样方法

(1) 在料堆上取样时，取样部位应均匀分布。取样应前先将取样部位表面铲除，然后由各部位抽取大致相等的石子 15 份（在料堆的顶部、中部和底部各由均匀分布的 5 个不同部位取得）组成一组样品。

(2) 从皮带运输机上取样时，应在皮带运输机机尾的出料处用接料器定时抽取 8 份石子，组成一组样品。

(3) 建筑施工企业应分别按单位工程取样，同一工程的不同单体工程共同使用同一料场时，可以实施联合取样。

(4) 构件厂、搅拌站应在碎（卵）石进场时取样，并根据贮存使用情况定期复验。

## 五、试验结果判定

(1) 筛分析：通过筛分析试验，判定石子的颗粒级配是符合连续粒级还是单粒级；不宜用单粒级的石子配制混凝土。颗粒级配不符合表 2-10 或表 2-16 要求时，应采取措施并经试验证实能保证工程质量时，方允许使用。

(2) 针、片状颗粒含量：混凝土强度等级大于或等于 C30 时，碎石或卵石中针、片状颗粒含量应≤15%；当混凝土强度等级小于 C30 时，碎石或卵石中针、片状颗粒含量应≤25%；等于及小于 C10 级的混凝土其针、片状颗粒含量可放宽到 40%。

(3) 含泥量和泥块含量：混凝土强度等级大于或等于 C30 及有抗冻、抗渗或其他特殊要求的混凝土，含泥量应≤1.0%，泥块含量应≤0.5%；当混凝土强度等级小于 C30 时，含泥量应≤2.0%，泥块含量应≤0.7%。

(4) 压碎指标值：可对照表 2-14、表 2-15、表 2-19 判定是否合格。

# 第四节　粉　煤　灰

## 一、相关的标准、规范、规程

1.《粉煤灰在混凝土和砂浆中应用技术规程》JGJ 28—86；

2.《用于水泥和混凝土中的粉煤灰》GB/T1596—2005；

3.《粉煤灰混凝土应用技术规范》GBJ 146—90；

4.《混凝土矿物掺合料应用技术规程》DBJ/T01—64—2002。

## 二、基本概念

1.粉煤灰的定义

电厂煤粉炉排出的烟道气体中收集到的细颗粒粉末称为粉煤灰。

2.粉煤灰的等级划分

按煤种分为F类和C类。

F类粉煤灰：由无烟煤或烟煤煅烧收集的粉煤灰。

C类粉煤灰：由褐煤或次烟煤煅烧收集的粉煤灰，其氧化钙含量一般大于10%。

3.等级

拌制混凝土和砂浆用粉煤灰分为三个等级：Ⅰ级、Ⅱ级、Ⅲ级。

4.技术要求

拌制混凝土和砂浆用粉煤灰的技术要求见表2-21。

**粉煤灰的品质指标** **表2-21**

| 序号 | 指标 | | 粉煤灰级别 | | |
|---|---|---|---|---|---|
| | | | Ⅰ | Ⅱ | Ⅲ |
| 1 | 细度（0.045mm方孔筛的筛余）（%）≤ | F类粉煤灰 | 12.0 | 25.0 | 45.0 |
| | | C类粉煤灰 | | | |
| 2 | 需水量比（%）≤ | F类粉煤灰 | 95 | 105 | 115 |
| | | C类粉煤灰 | | | |
| 3 | 烧失量（%）≤ | F类粉煤灰 | 5.0 | 8.0 | 15.0 |
| | | C类粉煤灰 | | | |
| 4 | 含水量（%）≤ | F类粉煤灰 | 1.0 | | |
| | | C类粉煤灰 | | | |
| 5 | 三氧化硫（%）≤ | F类粉煤灰 | 3.0 | | |
| | | C类粉煤灰 | | | |
| 6 | 游离氧化钙（%）≤ | F类粉煤灰 | 1.0 | | |
| | | C类粉煤灰 | 4.0 | | |
| 7 | 安定性<br>雷氏夹沸煮后增加距离（mm）≤ | C类粉煤灰 | 5.0 | | |

5.粉煤灰在混凝土中的应用

粉煤灰用于混凝土工程可根据等级，按下列规定应用。

（1）Ⅰ级粉煤灰适用于钢筋混凝土和跨度小于6m的预应力钢筋混凝土。

（2）Ⅱ级粉煤灰适用于钢筋混凝土和无筋混凝土。

（3）Ⅲ级粉煤灰主要用于无筋混凝土。对设计强度等级C30及以上的无筋混凝土，宜采用Ⅰ、Ⅱ级粉煤灰。

(4) 用于预应力钢筋混凝土、钢筋混凝土及设计强度等级C30及以上的无筋混凝土的粉煤灰等级，如经试验论证，可采用比(1)、(2)、(3)条规定低一级的粉煤灰。

## 三、必试项目及组批原则

1. 必试项目

(1) 细度;

(2) 烧失量;

(3) 需水量比。

2. 组批原则

粉煤灰进场后，以连续供应的200t相同等级、相同种类的粉煤灰为一编号，不足200t的也按一个编号论，粉煤灰的质量按干灰（含水率小于1%）的质量计算。每一编号为一取样单位。

## 四、试样取样方法

试样取样方法同水泥取样方法。取样应有代表性，可连续取，也可从10个以上不同部位取等量样品，总量至少3kg。

## 五、试验结果判定

(1) 将各项试验结果与表2-21中规定的品质指标相对照，判定已进场的粉煤灰的级别；Ⅰ级粉煤灰允许用于后张预应力钢筋混凝土构件及跨度小于6m的先张预应力钢筋混凝土构件，并可配制强度等级为C60及C60以上的混凝土;

(2) Ⅱ级粉煤灰主要用于普通钢筋混凝土和轻骨料钢筋混凝土，若经专门试验，或与减水剂复合，也可当Ⅰ级粉煤灰使用;

(3) Ⅲ级粉煤灰主要用于无筋混凝土和砂浆;

(4) 代替细骨料或用以改善和易性的粉煤灰不受“粉煤灰品质指标”的限制。

# 第五节　砌墙砖及砌块

## 一、相关的标准、规范、规程

1.《砌体工程施工质量验收规范》GB 50203—2002;

2.《砌墙砖检验规则》JC/T 466—92 (96);

3.《烧结普通砖》GB 5101—2003;

4.《烧结多孔砖》GB 13544—2000;

5.《烧结空心砖和空心砌块》GB 13545—2003;

6.《非烧结普通黏土砖》JC/T 422—91 (96);

7.《粉煤灰砌块》JC 238—91 (96);

8.《粉煤灰砖》JC 239—2001;

9.《蒸压灰砂砖》GB 11945—1999;

10.《普通混凝土小型空心砌块》GB8239—1997；

11.《轻骨料混凝土小型空心砌块》GB/T 15229—2002。

## 二、基本概念

1. 烧结普通砖

（1）定义：以黏土、页岩、煤矸石、粉煤灰为主要原料经焙烧而成的普通砖。

（2）类别：按主要原料分为黏土砖（N）、页岩砖（Y）、煤矸石砖（M）和粉煤灰砖（F）。

（3）等级：根据抗压强度分为MU30、MU25、MU20、MU15、MU10五个强度等级。

（4）规格：砖的外型为直角六面体，其公称尺寸为：长240mm、宽115mm、高53mm。

（5）等级指标：见表2-22。

**烧结普通砖等级指标**（MPa） **表2-22**

| 强度等级 | 抗压强度平均值≥ | 变异系数≤0.21 | 变异系数＞0.21 |
|---|---|---|---|
| | | 强度标准值 ≥ | 单块最小抗压强度值 ≥ |
| MU30 | 30.0 | 22.0 | 25.0 |
| MU25 | 25.0 | 18.0 | 22.0 |
| MU20 | 20.0 | 14.0 | 16.0 |
| MU15 | 15.0 | 10.0 | 12.0 |
| MU10 | 10.0 | 6.5 | 7.5 |

2. 烧结多孔砖

（1）定义：以黏土、页岩、煤矸石、粉煤灰为主要原料经焙烧而成主要用于承重部位的多孔砖。

（2）类别：按主要原料分为黏土砖（N）、页岩砖（Y）、煤矸石砖（M）和粉煤灰砖（F）。

（3）等级：根据抗压强度分为MU30、MU25、MU20、MU15、MU10五个强度等级。

（4）规格：砖的外形为直角六面体，其长度、宽度高度尺寸应符合下列要求（mm）：

290，240，190，180；

175，140，115，90。

（5）等级指标：见表2-23。

**烧结多孔砖强度等级指标**（MPa） **表2-23**

| 强度等级 | 抗压强度平均值 ≥ | 变异系数≤0.21 | 变异系数＞0.21 |
|---|---|---|---|
| | | 强度标准值 ≥ | 单块最小抗压强度值 ≥ |
| MU30 | 30.0 | 22.0 | 25.0 |
| MU25 | 25.0 | 18.0 | 22.0 |
| MU20 | 20.0 | 14.0 | 16.0 |
| MU15 | 15.0 | 10.0 | 12.0 |
| MU10 | 10.0 | 6.5 | 7.5 |

3. 非烧结普通黏土砖（免烧砖）

（1）定义：以黏土为主要原料，掺入少量胶凝材料，经粉碎、搅拌、压制成型、自然养护而成的砖。

（2）等级：根据抗压强度分为 MU15、MU10、MU7.5 三个强度等级。

（3）规格：免烧砖的外型为直角六面体，其公称尺寸为：长 240mm、宽 115mm、高 53mm。

（4）等级指标：见表 2-24。

**非烧结普通黏土砖强度等级指标（MPa）　　表 2-24**

| 级别 | 抗压强度 | | 抗折强度 | |
|---|---|---|---|---|
| | 平均值不小于 | 单块最小值不小于 | 平均值不小于 | 单块最小值不小于 |
| 15 | 15.0 | 10.0 | 2.5 | 1.5 |
| 10 | 10.0 | 6.0 | 2.0 | 1.2 |
| 7.5 | 7.5 | 4.5 | 1.5 | 0.9 |

4. 粉煤灰砌块

（1）定义：以粉煤灰、石灰、石膏和骨料等为原料，加水搅拌、振动成型、蒸汽养护而制成的密实砌块。

①砌块：砌筑用的人造块材，外形多为直角六面体，也有各种异形的。砌块系列中主规格的长度、宽度或高度有一项或一项以上分别大于 365mm、240mm 或 115mm。但高度不大于长度或宽度的六倍，长度不超过高度的三倍。

②小型砌块：系列中主规格的高度大于 115mm 而又小于 380mm 的砌块。

③中型砌块：系列中主规格的高度 380～980mm 的砌块。

④大型砌块：系列中主规格的高度大于 980mm 的砌块。

（2）等级：砌块的强度等级按其立方体试件的抗压强度分为 10 级和 13 级。

（3）规格：砌块的规格尺寸为：880mm×380mm×240mm，880mm×430mm×240mm。

（4）等级指标：见表 2-25。

**粉煤灰砌块抗压强度指标（MPa）　　表 2-25**

| 项　目 | 指　　标 | |
|---|---|---|
| | 10 级 | 13 级 |
| 抗压强度 | 3 块试件平均值不小于 10.0<br>单块最小值 8.0 | 3 块试件平均值不小于 13.0<br>单块最小值 10.5 |

5. 粉煤灰砖

（1）定义：以粉煤灰、石灰或水泥为主要原料，掺加适量石膏、外加剂、颜料和骨料等，经坯料制备、成型、高压或常压蒸汽养护而制成的实心粉煤灰砖。

（2）等级：粉煤灰砖的强度等级分为 MU30、MU25、MU20、MU15、MU10。

（3）规格：砖的外形为直角六面体。砖的公称尺寸为：长 240mm、宽 115mm、高 53mm。

（4）等级指标：见表 2-26。

**粉煤灰砖强度指标（MPa）** **表 2-26**

| 强度等级 | 抗压强度 | | 抗折强度 | |
|---|---|---|---|---|
| | 10块平均值 ≥ | 单块值 ≥ | 10块平均值 ≥ | 单块值 ≥ |
| MU30 | 30.0 | 24.0 | 6.2 | 5.0 |
| MU25 | 25.0 | 20.0 | 5.0 | 4.0 |
| MU20 | 20.0 | 16.0 | 4.0 | 3.2 |
| MU15 | 15.0 | 12.0 | 3.3 | 2.6 |
| MU10 | 10.0 | 8.0 | 2.5 | 2.0 |

6. 蒸压灰砂砖

（1）定义：以石灰和砂为主要原料，允许掺入颜料和外加剂，经坯料制备少量胶凝材料，压制成型、蒸压养护而成的实心灰砂砖。

（2）等级：根据抗压强度和抗折强度分为 MU25、MU20、MU15、MU10 四个强度等级。

（3）规格：砖的外形为直角六面体，其公称尺寸为：长 240mm、宽 115mm、高 53mm。

（4）等级指标：见表 2-27。

**蒸压灰砂砖强度指标（MPa）** **表 2-27**

| 强度级别 | 抗压强度 | | 抗折强度 | |
|---|---|---|---|---|
| | 平均值不小于 | 单块值不小于 | 平均值不小于 | 单块值不小于 |
| MU25 | 25.0 | 20.0 | 5.0 | 4.0 |
| MU20 | 20.0 | 16.0 | 4.0 | 3.2 |
| MU15 | 15.0 | 12.0 | 3.3 | 2.6 |
| MU10 | 10.0 | 8.0 | 2.5 | 2.0 |

注：优等品的强度级别不得小于 MU15。

7. 普通混凝土小型空心砌块

（1）定义：用水泥混凝土制成的空心率等于或小于 25% 的砌块。

（2）等级：按其强度等级分为：MU3.5、MU5.0、MU7.5、MU10、MU15、MU20。

（3）规格：普通混凝土小型空心砌块的主规格尺寸为 390mm × 190mm × 190mm。

（4）等级指标：见表 2-28。

**普通混凝土小型空心砌块抗压强度指标（MPa）** **表 2-28**

| 强度等级 | 砌块抗压强度 | |
|---|---|---|
| | 平均值≥ | 单块最小值 |
| MU3.5 | 3.5 | 2.8 |
| MU5.0 | 5.0 | 4.0 |
| MU7.5 | 7.5 | 6.0 |
| MU10.0 | 10.0 | 8.0 |
| MU15.0 | 15.0 | 12.0 |
| MU20.0 | 20.0 | 16.0 |

8. 轻骨料混凝土小型空心砌块

(1) 定义：用轻骨料混凝土制成的空心率等于小于25%的砌块。

(2) 类别：按砌块孔的排数分为五类：实心（0）、单排孔（1）双排孔（2）、三排孔（3）和四排孔（4）。

(3) 等级：按砌块密度等级分为八级：500、600、700、800、900、1000、1200、1400。

注：实心砌块的密度等级不应大于800。

按砌块强度等级分六级：1.5、2.5、3.5、5.0、7.5、10.0。

(4) 规格：轻骨料混凝土小型空心砌块的主规格尺寸为390mm×190mm×190mm。

(5) 等级指标：见表2-29。

**轻集料混凝土小型空心砌块抗压强度指标**（MPa） **表2-29**

| 强 度 等 级 | 砌 块 抗 压 强 度 | | 密度等级范围≤ |
|---|---|---|---|
| | 平均值≥ | 单块最小值 | |
| 1.5 | 1.5 | 1.2 | 600 |
| 2.5 | 2.5 | 2.0 | 800 |
| 3.5 | 3.5 | 2.8 | 1200 |
| 5.0 | 5.0 | 4.0 | |
| 7.5 | 7.5 | 6.0 | 1400 |
| 10.0 | 10.0 | 8.0 | |

9. 烧结空心砖和空心砌块

(1) 定义：以黏土、页岩、煤矸石、粉煤灰为主要原料，经焙烧而成主要用于建筑物非承重部位的空心砖和空心砌块。

(2) 类别：按主要原料分为黏土砖和砌块（N)、页岩砖和砌块（Y)、煤矸石砖和砌块（M)、粉煤灰砖和砌块（F)。

(3) 等级：抗压强度分为MU10、MU7.5、MU5.0、MU3.5、MU2.5。体积密度分为800级、900级、1000级、1100级。

(4) 规格：外形为直角六面体，其长度、宽度、高度尺寸应符合下列要求（mm)：390、290、240、190、180（175)、140、115、90。

(5) 等级指标：见表2-30。

**烧结空心砖和空心砌块强度等级指标** **表2-30**

| 强度等级 | 抗 压 强 度（MPa） | | | 密度等级范围≤（$kg/m^3$） |
|---|---|---|---|---|
| | 抗压强度平均值≥ | 变异系数≤0.21 | 变异系数>0.21 | |
| | | 强度标准值 ≥ | 单块最小值 | |
| MU10 | 10.0 | 7.0 | 8.0 | 1100 |
| MU7.5 | 7.5 | 5.0 | 5.8 | |
| MU5.0 | 5.0 | 3.5 | 4.0 | |
| MU3.5 | 3.5 | 2.5 | 2.8 | |
| MU2.5 | 2.5 | 1.6 | 1.8 | 800 |

## 三、必试项目、组批原则及取样方法

砌墙砖和砌块的必试项目、组批原则及取样方法的规定见表 2-31。

**砌墙砖和砌块必试项目、组批原则及取样方法的规定　　表 2-31**

| 序号 | 材料名称及相关标准规范代号 | 试验（必试）项目 | 组批原则及取样方法 |
|---|---|---|---|
| 1 | 烧结普通砖（GB 5101—2003） | 抗压强度 | 1. 每 15 万块为一验收批，不足 15 万块也按一批计。<br>2. 每一验收批随机抽取试样一组（10 块） |
| 2 | 烧结多孔砖（GB 13544—2000） | 抗压强度 | 1. 每 5 万块为一验收批，不足 5 万块也按一批计。<br>2. 每一验收批随机抽取试样一组（10 块） |
| 3 | 烧结空心砖和空心砌块（GB 13545—2003） | 抗压强度 | 1. 每 3 万块为一验收批，不足 3 万块也按一批计。<br>2. 每批从尺寸偏差和外观质量检验合格的砖中，随机抽取抗压强度试验试样一组（5 块） |
| 4 | 非烧结普通黏土砖（JC/T 422—91（96）） | 抗压强度<br>抗折强度 | 1. 每 5 万块为一验收批，不足 5 万块也按一批计。<br>2. 每批从尺寸偏差和外观质量检验合格的砖中，随机抽取强度试验试样一组（10 块） |
| 5 | 粉煤灰砖（JC 239—2001） | 抗压强度<br>抗折强度 | 1. 每 10 万块为一验收批，不足 10 万块也按一批计。<br>2. 每一验收批随机抽取试样一组（20 块） |
| 6 | 粉煤灰砌块（JC 238—91（96）） | 抗压强度 | 1. 每 200m³ 为一验收批，不足 200m³ 也按一批计。<br>2. 每批从尺寸偏差和外观质量检验合格的砌块中，随机抽取试样一组（3 块），将其切割成边长为 200mm 的立方体试件 |
| 7 | 蒸压灰砂砖（GB 11945—1999） | 抗压强度<br>抗折强度 | 1. 每 10 万块为一验收批，不足 10 万块也按一批计。<br>2. 每一验收批随机抽取试样一组（10 块） |
| 8 | 普通混凝土小型空心砌块（GB 8239—1997） | 抗压强度 | 1. 每 1 万块为一验收批，不足 1 万块也按一批计。<br>2. 每批从尺寸偏差和外观质量检验合格的砖中，随机抽取抗压强度试验试样一组（5 块） |
| 9 | 轻骨料混凝土小型空心砌块（GB/T 15229—2002） | 抗压强度 | 1. 每 1 万块为一验收批，不足 1 万块也按一批计。<br>2. 每批从尺寸偏差和外观质量检验合格的砖中，随机抽取抗压强度试验试样一组（5 块） |

## 四、试样取样方法

见表 2-31。

## 五、试验结果判定

对照试验报告和砌墙砖的等级指标，判定已进场的砌墙砖是否符合要求。

# 第六节　钢　　材

## 一、相关的标准、规范、规程

1.《混凝土结构工程施工质量验收规范》GB 50204—2002；
2.《钢筋混凝土用热轧带肋钢筋》GB 1499—1998；
3.《钢筋混凝土用热轧光圆钢筋》GB 13013—91；
4.《低碳钢热轧圆盘条》GB/T 701—1997；
5.《碳素结构钢》GB 700—88；
6.《冷轧带肋钢筋》GB 13788—2000；
7.《冷轧扭钢筋》JG 3046—1998；
8.《预应力混凝土用钢丝》GB/T 5223—2002；
9.《钢及钢产品力学性能试验取样位置及试样制备》GB/T 2975—1998。

## 二、基本概念

1. 热轧带肋钢筋

（1）定义：经热轧成型并自然冷却的，横截面通常为圆形，且表面通常带有两条纵肋和沿长度方向均匀分布的横肋的钢筋；如果横肋的纵截面呈月牙形，且与纵肋不相交，称为月牙肋钢筋。

（2）分类、牌号：热轧带肋钢筋的牌号由 HRB 和牌号的屈服点最小值构成。H、R、B 分别为热轧（Hot rolled）、带肋（Ribbed）、钢筋（Bars）三个词的英文首位字母。热轧带肋钢筋分为 HRB335、HRB400、HRB500 三个牌号。

（3）技术指标：钢筋混凝土用热轧带肋钢筋的力学性能、弯曲性能指标见表 2-32。

**钢筋混凝土用热轧带肋钢筋力学性能、弯曲性能指标**　　　　表 2-32

| 牌号 | 公称直径（mm） | 力学性能 |  |  | 工艺性能 |  |
|---|---|---|---|---|---|---|
|  |  | $\sigma_s$（或 $\sigma_{p0.2}$）（MPa） | $\sigma_b$（MPa） | $\delta_5$（%） | 弯心直径 $a$ | 弯曲角度 |
|  |  | ≥ |  |  | 受弯部位表面不得产生裂纹 |  |
| HRB335 | 6～25 | 335 | 490 | 16 | 3$a$ | 180° |
|  | 28～50 |  |  |  | 4$a$ |  |
| HRB400 | 6～25 | 400 | 570 | 14 | 4$a$ | 180° |
|  | 28～50 |  |  |  | 5$a$ |  |
| HRB500 | 6～25 | 500 | 630 | 12 | 6$a$ | 180° |
|  | 28～50 |  |  |  | 7$a$ |  |

2. 热轧光圆钢筋

(1) 定义：经热轧成型并自然冷却的，横截面通常为圆形，且表面光滑的钢筋混凝土配筋用钢材。

(2) 级别、代号、牌号：热轧直条光圆钢筋强度等级代号为 R235（R 为热轧二字汉语拼音“Rezha”的首位字母；“235”为屈服点最小值），牌号为 Q235（Q 为屈服点三字汉语拼音“Qufudian”的首位字母；“235”为屈服点最小值）；《混凝土结构工程施工质量验收规范》(GB50204) 中把该牌号钢筋写为 HPB235；H、P、B 分别为热轧（Hot rolled）、光圆（Plain）、钢筋（Bars）三个词的英文首位字母。

(3) 技术指标：钢筋混凝土用热轧光圆钢筋的力学性能、工艺性能指标见表 2-33。

**钢筋混凝土用热轧光圆钢筋力学性能、工艺性能指标** **表 2-33**

| 牌号 | 公称直径（mm） | 力学性能 | | | 工艺性能（冷弯） |
|---|---|---|---|---|---|
| | | 屈服点 $\sigma_s$（MPa） | 抗拉强度 $\sigma_b$（MPa） | 伸长率 $\delta_s$（%） | $d$——弯心直径<br>$a$——钢筋公称直径 |
| | | ≥ | | | 受弯部位表面不得产生裂纹 |
| HPB235（Q235） | 8～20 | 235 | 370 | 25 | $180° d = a$ |

3. 低碳钢热轧圆盘条

(1) 分类及代号：盘条按用途分类，其代号如下：

*L*——供拉丝用盘条；

*J*——供建筑和其他一般用途用盘条。

(2) 技术指标：供建筑用盘条的力学性能和工艺性能见表 2-34。

**低碳钢热轧圆盘条力学性能、工艺性能指标** **表 2-34**

| 牌号 | 公称直径（mm） | 力学性能 | | | 工艺性能（冷弯） |
|---|---|---|---|---|---|
| | | 屈服点 $\sigma_s$（MPa） | 抗拉强度 $\sigma_b$（MPa） | 伸长率 $\delta_{10}$（%） | $d$——弯心直径<br>$a$——钢筋公称直径 |
| | | ≥ | | | 受弯部位表面不得产生裂纹 |
| Q215 | 5.5～30 | 215 | 375 | 27 | $180° d = 0$ |
| Q235 | | 235 | 410 | 23 | $180° d = 0.5a$ |

4. 碳素结构钢

(1) 牌号表示方法：钢的牌号由代表屈服点的汉语拼音字母、屈服点数值、质量等级符号、脱氧方法符号等四个部分按顺序组成。例如：Q235—A·F。

其中：*Q*——钢材屈服点“屈”字汉语拼音首位字母；

235——钢材屈服点数值为 235MPa；

*A*、*B*、*C*、*D*——分别为质量等级；

*F*——沸腾钢“沸”字汉语拼音首位字母；

(2) 技术指标：碳素结构钢的力学性能指标见表 2-35、弯曲性能指标见表 2-36。

**碳素结构钢力学性能指标** **表 2-35**

| 牌号 | 等级 | 拉伸试验 | | | | | | | | | | | | |
|---|---|---|---|---|---|---|---|---|---|---|---|---|---|---|
| | | 屈服点 $\sigma_s$（N/mm²） | | | | | | 抗拉强度 $\sigma_b$（N/mm²） | 伸长率 $\delta_5$（%） | | | | | |
| | | 钢材厚度（直径）（mm） | | | | | | | 钢材厚度（直径）（mm） | | | | | |
| | | ≤16 | >16~40 | >40~60 | >60~100 | >100~150 | >150 | | ≤16 | >16~40 | >40~60 | >60~100 | >100~150 | >150 |
| | | ≥ | | | | | | | ≥ | | | | | |
| Q195 | / | 195 | 185 | / | / | / | / | 315~390 | 33 | 32 | / | / | / | / |
| Q215 | A<br>B | 215 | 205 | 195 | 185 | 175 | 165 | 335~410 | 31 | 30 | 29 | 28 | 27 | 26 |
| Q235 | A<br>B<br>C<br>D | 235 | 225 | 215 | 205 | 195 | 185 | 375~460 | 26 | 25 | 24 | 23 | 22 | 21 |
| Q255 | A<br>B | 255 | 245 | 235 | 225 | 215 | 205 | 410~510 | 24 | 23 | 22 | 21 | 20 | 19 |
| Q275 | / | 275 | 265 | 255 | 245 | 235 | 225 | 490~610 | 20 | 19 | 18 | 17 | 16 | 15 |

**碳素结构钢弯曲性能指标** **表 2-36**

| 牌号 | 试样方向 | 冷弯方向 $B=2a$ 180° | | |
|---|---|---|---|---|
| | | 钢材厚度（直径）（mm） | | |
| | | 60 | >60~100 | >100~200 |
| | | 弯心直径 $d$ | | |
| Q195 | 纵 | 0 | — | — |
| | 横 | $0.5a$ | | |
| Q215 | 纵 | $0.5a$ | $1.5a$ | $2a$ |
| | 横 | $a$ | $2a$ | $2.5a$ |
| Q235 | 纵 | $a$ | $2a$ | $2.5a$ |
| | 横 | $1.5a$ | $2.5a$ | $3a$ |
| Q255 | | $2a$ | $3a$ | $3.5a$ |
| Q275 | | $3a$ | $4a$ | $4.5a$ |

注：$B$ 为试样宽度，$a$ 为钢材厚度（直径）。

5. 冷轧带肋钢筋

(1) 定义：热轧圆盘条经冷轧后，在其表面带有沿长度方向均匀分布的三面或二面横肋的钢筋。

(2) 分类、牌号：冷轧带肋钢筋的牌号由 CRB 和钢筋的抗拉强度最小值构成。C、R、B 分别为冷轧（cold rolled）、带肋（Ribbed）、钢筋（Bars）三个词的英文首位字母。冷轧带肋钢筋分为 CRB550、CRB650、CRB800、CRB970、CRB1170 五个牌号。CRB550 为普通钢筋混凝土用钢筋，其他牌号为预应力混凝土用钢筋。

(3) 技术指标：冷轧带肋钢筋的力学性能和工艺性能的技术指标见表2-37。

冷轧带肋钢筋力学性能、工艺性能指标　　表2-37

| 牌　号 | 力学性能 | | | 工艺性能 | |
|---|---|---|---|---|---|
| | $\sigma_b$ (MPa) ≥ | 伸长率 (%) ≥ | | 弯曲试验 180° | 反复弯曲次数 |
| | | $\delta_{10}$ | $\delta_{100}$ | | |
| CRB550 | 550 | 8.0 | — | $D=3d$ | — |
| CRB650 | 650 | — | 4.0 | — | 3 |
| CRB800 | 800 | — | 4.0 | — | 3 |
| CRB970 | 970 | — | 4.0 | — | 3 |
| CRB1170 | 1170 | — | 4.0 | — | 3 |

注：表中 $D$ 为弯心直径，$d$ 为钢筋公称直径。

6. 冷轧扭钢筋

(1) 定义：低碳钢热轧圆盘条经专用钢筋冷轧扭机调直、冷轧并冷扭一次成型，具有规定截面形状和节距的连续螺旋状钢筋。

(2) 分类：冷轧扭钢筋按其截面形状不同分为两种类型：

Ⅰ型——矩形截面；

Ⅱ型——菱形截面。

(3) 代号：冷轧扭钢筋的名称代号为LZN，是冷轧扭三个字汉语拼音的首位字母。

(4) 技术指标：冷轧扭钢筋轧扁厚度、节距及力学性能指标见表2-38。

冷轧扭钢筋轧扁厚度、节距及力学性能指标　　表2-38

| 类　型 | 标志直径 (mm) | 轧扁厚度 $t$ ≥ | 节距 $L_1$ ≥ | 抗拉强度 $\sigma_b$ (N/mm²) ≥ | 伸长率 $\delta_{10}$ (%) ≥ | 冷弯 180° 弯心直径 = $3d$ |
|---|---|---|---|---|---|---|
| Ⅰ型 | 6.5 | 3.7 | 75 | 580 | 4.5 | 受弯部位表面不得产生裂纹（$d$ 为冷轧扭钢筋标志直径） |
| | 8 | 4.2 | 95 | | | |
| | 10 | 5.3 | 110 | | | |
| | 12 | 6.2 | 150 | | | |
| | 14 | 8.0 | 170 | | | |
| Ⅱ型 | 12 | 8.0 | 145 | | | |

7. 预应力混凝土用钢丝

(1) 定义：

① 冷拉钢丝：用盘条通过拔丝模或轧辊经冷加工而成产品，以盘卷供货的钢丝。

② 消除应力钢丝：按下述一次性连续处理方法之一生产的钢丝。

a. 钢丝在塑性变形下（轴应变）进行的短时热处理，得到的应是低松弛钢丝；

b. 钢丝通过矫直工序后在适当温度下进行的短时热处理，得到的应是普通松弛钢丝。

(2) 分类、代号：钢丝按加工状态分为冷拉钢丝和消除应力钢丝两类，消除应力钢丝按松弛性能又分为低松弛级钢丝和普通松弛级钢丝，其代号为：

冷拉钢丝——WCD

低松弛钢丝——WLR

普通松弛钢丝——WNR

（3）技术指标：预应力混凝土用钢丝力学性能指标见表 2-39。

**预应力混凝土用钢丝力学性能指标** 表 2-39

| 公称直径 $d_n$（mm） | 抗压强度 $\sigma_b$（MPa）≥ | 最大力下总伸长率 $\delta_{gt}$（%）（$L_0=200$mm）≥ | 弯曲次数（次）180° ≥ | 弯曲半径 $R$（mm） |
|---|---|---|---|---|
| 3.00 | 1470<br>1570<br>1670<br>1770 | 1.5 | 4 | 7.5 |
| 4.00 | | | 4 | 10 |
| 5.00 | | | 4 | 15 |
| 6.00 | 1470<br>1570<br>1670<br>1770 | | 5 | 15 |
| 7.00 | | | 5 | 20 |
| 8.00 | | | 5 | 20 |

8. 其他相关概念

（1）框架结构：由梁和柱以刚接或铰接相连接而构成承重体系的结构。

（2）剪力墙结构：由剪力墙组成的承受竖向和水平作用的结构。

（3）框架－剪力墙结构：由剪力墙和框架共同承受竖向和水平作用的结构。

## 三、必试项目、组批原则及取样数量的规定

钢筋原材的必试项目、组批原则及取样数量的规定见表 2-40。

**常用钢材必试项目、组批原则及取样数量表** 表 2-40

| 序号 | 钢材种类及相关标准代号 | 试验项目 | 组批原则及取样规定 |
|---|---|---|---|
| 1 | 碳素结构钢（GB/T 700—88） | 拉伸试验（屈服点、抗拉强度、伸长率）弯曲试验 | 同一厂别、同一炉罐号、同一规格、同一交货状态，每 60t 为一验收批，不足 60t 也按一批计。<br>每一验收批取一组试件（一个拉伸试件、一个弯曲试件）试件宽度：30mm；拉伸试件长度：$10a+200$mm；弯曲试件长度：$5a+150$mm；<br>（$a$——试件厚度 mm） |
| 2 | 钢筋混凝土用热轧带肋钢筋（GB/T 1499—1998）（GB/T 2975—1998）（GB/T 2101—89） | 拉伸试验（屈服点、抗拉强度、伸长率）弯曲试验 | 同一厂别、同一炉罐号、同一规格、同一交货状态，每 60t 为一验收批，不足 60t 也按一批计。<br>每一验收批，任选两根钢筋，去掉端头部位约 500 mm 后，在每根钢筋上切取一个拉伸试件、一个弯曲试件（共计两个拉伸试件，两个弯曲试件）。拉伸试件长度：$10a+200$mm；弯曲试件长度：$5a+150$mm；<br>（$a$——试件直径 mm） |
| 3 | 钢筋混凝土用热轧光圆钢筋（GB/T 13013—91）（GB/T 2975—1998）（GB/T 2101—89） | | |
| 4 | 钢筋混凝土用余热处理钢筋（GB/T 13014—91）（GB/T 2975—1998）（GB/T 2101—89） | | |

续表

| 序号 | 钢材种类及相关标准代号 | 试验项目 | 组批原则及取样规定 |
|---|---|---|---|
| 5 | 低碳钢热轧圆盘条（GB/T 701—1997）（GB/T 2975—1998）（GB/T 2101—89） | 拉伸试验（屈服点、抗拉强度、伸长率）弯曲试验 | 同一厂别、同一炉罐号、同一规格、同一交货状态，每60t为一验收批，不足60t也按一批计。<br>每一验收批取一组试件，其中一个拉伸试件、两个弯曲试件（取自不同盘）。拉伸试件长度：$10a+200$mm；弯曲试件长度：$5a+150$mm；<br>（$a$——试件直径 mm） |
| 6 | 冷轧带肋钢筋（GB/T 13788—2000）（GB/T 2975—1998）（GB/T 2101—89） | 拉伸试验（屈服点、抗拉强度、伸长率）弯曲试验 | 同一牌号、同一外形、同一生产工艺、同一交货状态，每60t为一验收批，不足60t也按一批计。<br>每一验收批取一个拉伸试件（任选一盘）、两个弯曲试件（取自不同盘）。拉伸试件长度：$10a+200$mm；弯曲试件长度：$5a+150$mm；（$a$——试件直径 mm） |
| 7 | 冷轧扭钢筋（JC 3046—1998）（GB/T 2975—1998）（GB/T 2101—89） | 拉伸试验（屈服点、抗拉强度、伸长率）弯曲试验厚度节距重量 | 同一牌号、同一规格尺寸、同一台轧机、同一台班，每10t为一验收批，不足10t也按一批计。<br>每批取弯曲试件1个，长度为$5a+150$mm，（$a$——试件直径 mm）；拉伸试件2个，厚度、节距和重量试件各3个，取样部位应距钢筋端部不小于500mm，试样长度宜取偶数倍节距，且不应小于4倍节距，同时不小于500mm |
| 8 | 预应力混凝土用钢丝（GB 5223—2002） | 抗拉强度伸长率弯曲试验 | 同一牌号、同一规格、同一生产工艺制度的钢丝组成，每批重量不大于60t。钢丝的检验应按GB/T 2103的规定执行。在每盘钢丝的任一端取样进行试验。<br>试样数量：抗拉强度（断后伸长率）试样，1根/盘；<br>弯曲试验试样：1根/盘；<br>抗拉强度（断后伸长率）试样长度400mm；<br>弯曲试件长度：$5a+150$mm；<br>（$a$——试件直径 mm） |

钢产品（型钢、条钢、钢板及钢管）力学性能试验取样的位置详见“GB/T 2975—1998”。

### 四、试样取样方法

详见“表2-40”和国家标准《钢及钢产品力学性能试验取样位置及试样制备》GB/T 2975—1998。

### 五、试验结果判定

将试验结果与钢材的技术指标进行比较，判定已进场的钢材是否符合要求。

## 第七节　钢筋接头连接

### 一、相关技术标准、规程、规范

1.《混凝土结构设计规范》GB 50010—2002；

2.《混凝土结构工程施工质量验收规范》GB 50204—2002；

3.《钢筋混凝土用热扎带肋钢筋》GB 1499—98；

4.《钢筋混凝土用热扎光圆钢筋》GB 13013—91；

5.《钢筋混凝土用热扎余热处理钢筋》GB 13014—91；

6.《低碳钢热轧圆盘条》GB/T 701—1997；

7.《碳素结构钢》GB 700—88；

8.《冷轧带钢筋》GB 13788—2000；

9.《冷轧扭钢筋》JG 3046—1998；

10.《钢筋焊接接头试验方法》JGJ/T 27—2001；

11.《钢筋焊接及验收规程》JGJ 18—2003；

12.《钢筋焊接网混凝土结构技术规程》JGJ 114—2003；

13.《冷轧扭钢筋混凝土结构技术规程》JGJ 115—97；

14.《钢筋机械连接通用技术规程》JGJ 107—2003；

15.《带肋钢筋套筒挤压连接规程》JG 108—96；

16.《钢筋锥螺纹接头技术规程》JGJ 109—96；

17.《镦粗直螺纹钢筋接头》JG/T 3057—1999；

18.《复合钢板焊接接头力学性能试验方法》GB/T 16957—1997。

## 二、基本概念

1. 定义

(1) 钢筋焊接接头

①钢筋电阻点焊：将两钢筋安放成交叉叠接形式，压紧于两电极之间，利用电阻热熔化母材金属，加压形成焊点的一种压焊方法。

②钢筋闪光对焊：将两钢筋安放成对接形式，利用电阻热使接触点金属熔化，产生强烈飞溅，形成闪光，迅速施加顶锻力完成的一种压焊方法。

③钢筋电弧焊：以焊条作为一极，钢筋为另一极，利用焊接电流通过产生的电弧热进行焊接的一种熔焊方法。

④钢筋窄间隙电弧焊：将两钢筋安放成水平对接形式，并置于铜模内，中间留有少量间隙，用焊条从接头根部引弧，连续向上焊接完成的一种电弧焊方法。

⑤钢筋电渣压力焊：将两钢筋安放成竖向对接形式，利用焊接电流通过两钢筋端面间隙，在焊剂层下形成电弧过程和电渣过程，产生电弧热和电阻热熔化钢筋，加压完成的一种压焊方法。

⑥钢筋气压焊：采用氧乙炔火焰或其他火焰对两钢筋对接处加热，使其达到塑性状态（固态）或熔化状态（熔态）后，加压完成的一种压焊方法。

⑦预埋件钢筋埋弧压力焊：将钢筋与钢板安放成 T 形接头形式，利用焊接电流通过，焊剂层下产生电弧，形成熔池，加压完成的一种压焊方法。

(2) 钢筋机械连接

通过钢筋与连接件的机械咬合作用或钢筋端面的承压作用，将一根钢筋中的力传递至另一根钢筋的连接方法。

①套筒挤压接头：通过挤压力使连接件钢套筒塑性变形与带肋钢筋紧密咬合形成的接头。

②锥螺纹接头：通过钢筋端头特制的锥形螺纹和连接件锥螺纹咬合形成的接头。

③墩粗直螺纹接头：通过钢筋端头墩粗后制作的直螺纹和连接件螺纹咬合形成的接头。

④滚轧直螺纹接头：通过钢筋端头直接滚轧或剥肋后滚轧制作的直螺纹和连接件螺纹咬合形成的接头。

⑤熔融金属充填接头：由高热剂反应产生熔融金属充填在钢筋与连接件套筒间形成的接头。

⑥水泥灌浆充填接头：用特制的水泥浆充填在钢筋与连接件套筒间硬化后形成的接头。

(3) 相关术语

①压入深度：在焊接骨架或焊接网的电阻点焊中，两钢筋相互压入的深度。

②焊缝余高：焊缝表面焊趾连线上的那部分金属的高度。

③熔合区：焊接接头中，焊缝与热影响区相互过渡的区域。

④热影响区：焊接或热切割过程中，钢筋母材因受热的影响（但未熔化），使金属组织和力学性能发生变化的区域。

⑤延性断裂：伴随明显塑性变形而形成延性断口（断裂面与拉应力垂直或倾斜，其上具有细小的凹凸，呈纤维状）的断裂。

⑥脆性断裂：几乎不伴随塑性变形而形成脆性断口（断裂面通常与拉应力垂直，宏观上由具有光泽的亮面组成）的断裂。

⑦现浇混凝土结构：在现场支模并整体浇筑而成的混凝土结构。

⑧装配式混凝土结构：由预制混凝土构件或部件通过焊接、螺栓连接等方式装配而成的混凝土结构。

(4) 班前焊与工艺检验

①焊接接头的班前焊

在工程开工正式焊接之前，参与该项施焊的焊工应进行现场条件下的焊接工艺试验，并经试验合格后，方可正式生产。试验结果应符合质量检验与验收时的要求。其取样数量与班中焊相同，复试时试件数量与初试时亦相同。

②机械连接接头的工艺检验

钢筋连接工程开始前及施工过程中，应对每批进场钢筋进行接头工艺检验，主要是检验接头技术提供单位所确定的工艺参数是否与本工程中的进场钢筋相适应，并可提高实际工程中抽样试件的合格率，减少和避免在工程应用后出现质量问题而造成的经济损失。

机械连接接头的工艺检验取样数量，不分初试和复试，同一规格的一组接头均取3根；同时对应取3根母材（并非指进场后的钢筋原材试验）。

(5) 钢筋焊接接头热影响区（指压焊面一侧）

钢筋电阻电焊焊点：$0.5d$

钢筋闪光对焊接头：$0.7d$

钢筋电弧焊接头：6~10mm

钢筋电渣压力焊接头：$0.8d$

钢筋气压焊接头：1.0$d$

预埋件钢筋埋弧压力焊接头：0.8$d$

2. 分类

(1) 钢筋连接分焊接、机械连接两种。

1) 机械连接接头分：套筒挤压连接、锥螺纹连接、直螺纹连接、墩粗直螺纹连接、滚轧直螺纹连接、熔融金属充填连接、水泥灌浆充填连接等类型。

2) 焊接接头分：电阻点焊、闪光对焊、电弧焊、电渣压力焊、气压焊、预埋件钢筋T形接头等类型。

(2) 根据抗拉强度及高应力和大变形条件下反复拉压性能的差异，钢筋机械接头共分三个等级：Ⅰ级、Ⅱ级和Ⅲ级。

## 三、必试项目

1. 钢筋电阻点焊：抗拉强度、抗剪强度、弯曲试验。
2. 钢筋电弧焊接头：抗拉强度。
3. 钢筋闪光对焊：抗拉强度、弯曲试验。
4. 钢筋电渣压力焊接头：抗拉强度。
5. 钢筋气压焊接头：抗拉强度、弯曲试验（梁、板的水平钢筋连接）。
6. 预埋件钢筋T形接头：抗拉强度。
7. 机械连接接头：抗拉强度。

## 四、组批原则及取样规定

1. 钢筋接头的组批原则和取样方法详见表2-41：

钢筋接头组批原则和取样方法　　表2-41

| 序　号 | 连 接 形 式 | 组批原则及取样方法 |
|---|---|---|
| 1 | 钢筋电阻点焊 | 1. 凡钢筋牌号、直径及尺寸相同的焊接骨架和焊结网片应视为同一类型制品，且每300件作为一批，一周内不足300件亦可按一批计算。力学性能检验试件应从每批成品中切取。<br>2. 当焊接骨架新切取的尺寸小于规定的试件尺寸，或受力钢筋直径大于8mm时，可在生产过程中制作模拟焊接试验网片从中切取试件。<br>3. 由几种直径钢筋组合的焊接骨架或焊接网，应对每种组合的焊点进行力学性能检验。<br>4. 热轧钢筋的焊点应作剪切试验，试件为3件。冷轧带肋钢筋焊点除作剪切试验外，还应对纵向和横向的冷轧带肋作拉伸试验，试件应各为1件 |
| 2 | 钢筋电弧焊接头 | 1. 在现浇混凝土结构中，同牌号钢筋、同型式接头，300个接头为一验收批。<br>2. 在房屋结构中，不超过两层楼中同接头型式、同牌号钢筋的接头300个为一验收批。<br>3. 试件应从成品中随机切取3个接头进行拉伸试验。<br>4. 装配式结构中，可按生产条件制作模拟试件，每批取3个做拉伸试验。<br>5. 钢筋与钢板电弧搭接焊接头可只进行外观检查。<br>6. 在同一批中若有几种不同直径的钢筋焊接接头，应在最大直径钢筋接头中切取3个试件 |

续表

| 序　　号 | 连 接 形 式 | 组批原则及取样方法 |
| --- | --- | --- |
| 3 | 钢筋闪光对焊 | 1. 在同一台班内，由同一焊工完成的300个同牌号、同直径钢筋焊接接头为一验收批，同一台班内接头数量较少时，可在一周内累计计算。累计不足300个头时亦按一批算。<br>2. 从每批接头中随机切取6个接头，其中3个做拉伸试验，3个做弯曲试验。<br>3. 焊接等长的预应力钢筋（包括螺丝端杆与钢筋）时，可制作模拟试件 |
| 4 | 钢筋电渣压力焊接头 | 1. 在现浇混凝土结构中，以同牌号300个钢筋接头为一验收批。不足亦按一批论。<br>2. 在房屋结构中，不超过两层楼中的同牌号300个接头钢筋接头为一验收批。不足亦按一批论。<br>3. 应从成品中随机切取3个接头试件进行拉伸试验。<br>4. 在同一批中若有几种不同直径的钢筋焊接接头，应在最大直径钢筋接头中切取3个试件 |
| 5 | 钢筋气压焊接头 | 1. 在现浇混凝土结构中，以300个同牌号钢筋接头为一验收批。不足亦按一批论。<br>2. 在房屋结构中，应在不超过两层楼中，同牌号钢筋接头300个作为一批。不足亦按一批论。<br>3. 应从成品中随机切取3个接头进行拉伸试验；在梁、板的水平钢筋连接中，应另取3个接头做弯曲试验。<br>4. 在同一批中若有几种不同直径的钢筋焊接接头，应在最大直径钢筋接头中切取3个试件 |
| 6 | 预埋件钢筋T形接头 | 1. 同类型预埋件，每300件为一验收批，一周内连续焊接时，可累计计算。不足300件也按一批计。<br>2. 应从每批成品中切取三个接头作拉伸试验 |
| 7 | 机械连接接头 | 1. 现场检验：接头的现场检验按验收批进行。同一施工条件下采用同一批材料的同等级、同型式、同规格接头，每500个为一验收批。不足500个接头也按一批计。<br>2. 每一验收批必须在工程结构中随机截取3个接头试件作抗拉强度试验。<br>3. 现场检验连续十个验收批抽样，试件抗拉强度试验一次合格率为100%时，验收批接头数量可扩大至1000头 |

2. 取样方法

(1) 机械接头的工艺检验取样方法

①接头长度：接头试件套筒外每端预留200~250mm。

②母材长度：每根长500mm，用无齿锯或小钢锯断料，保证断头平齐。

③取样及制作母材和接头时应从每批钢筋中任取三根钢筋，每根钢筋上按①、②条规定断三段，其中较短的两根制作接头，较长的一根做母材试件，取样后捆成一小捆，如图2-3所示。每组工艺检验接头共由三小捆组成。

注意：如母材与接头试件不是取自同一根钢筋，有可能因母材钢筋截面积大于接头试

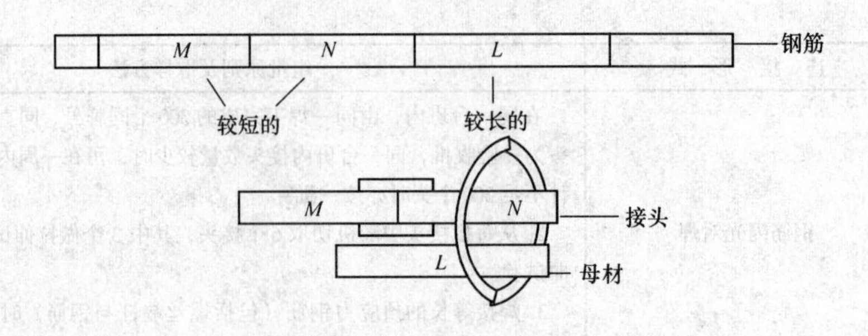


图 2-3 制作母材及接头试件

件，而最终不满足表 2-42 和表 2-43 的规定。

各级接头的抗拉强度（一） 表 2-42

| 接头等级 | Ⅰ | Ⅱ |
|---|---|---|
| 抗拉强度 | $f^0_{mst} \geqslant 0.95 f^0_{st}$ | $f^0_{mst} \geqslant 0.9 f^0_{st}$ |

说明 1：机械接头分级原则

钢筋机械连接接头共分三个等级：Ⅰ级、Ⅱ级和Ⅲ级，各级接头的抗拉强度应符合表 2-43 规定：

各级接头的抗拉强度（二） 表 2-43

| 接头等级 | Ⅰ | Ⅱ | Ⅲ |
|---|---|---|---|
| 抗拉强度 | $f^0_{mst} \geqslant f^0_{st}$<br>或 $f^0_{mst} \geqslant 1.10 f^0_{\mu k}$ | $f^0_{mst} \geqslant f^0_{\mu k}$ | $f^0_{mst} \geqslant 1.35 f^0_{yk}$ |

表中 $f^0_{mst}$——接头试件实际抗拉强度；

$f^0_{st}$——接头试件中钢筋抗拉强度实测值（母材强度实测值）；

$f^0_{\mu k}$——钢筋抗拉强度标准值；

$f^0_{yk}$——钢筋屈服强度标准值。

说明 2：机械接头的破坏形态

钢筋机械接头的破坏形态有三种：钢筋拉断、接头连接件破坏、钢筋从连接件中拔出。对Ⅱ级和Ⅲ级接头，无论试件属哪种破坏形态，只要试件抗拉强度满足表 2-43 中的规定即为合格；对Ⅰ级接头，当试件断于钢筋母材时，即满足条件 $f^0_{mst} \geqslant f^0_{st}$，试件合格；当试件断于接头长度区段时，则应满足，$f^0_{mst} \geqslant 1.10 f^0_{\mu k}$才能判为合格。

（2）其他焊接接头的工艺检验（班前焊）和现场检验（班中焊）取样方法详见表 2-41。

说明 1：试件处理要求

1）闪光对焊接头、气压焊接头进行弯曲试验时，应将受压面的金属毛刺和镦粗凸起部分消除，且应与钢筋的外表齐平。

2）搭接焊拉伸试件其根部应作弯折处理，保证弯折后，夹持钢筋部分在同一轴线上。

说明 2：各种接头试件尺寸要求

1）钢筋焊接骨架和焊接网接头试件，其试件形状和尺寸如图 2-4 所示：

2）闪光对焊、电弧焊、电渣压力焊、气压焊及机械连接接头：

①拉伸试件：焊接部分每侧外延 250mm；

②弯曲试件：长度为 $5d+150$mm（或按检测单位要求截取）。

3）预埋件钢筋埋弧压力焊接头：

①钢筋长度≥300mm；

②钢板尺寸：60mm × 60mm。

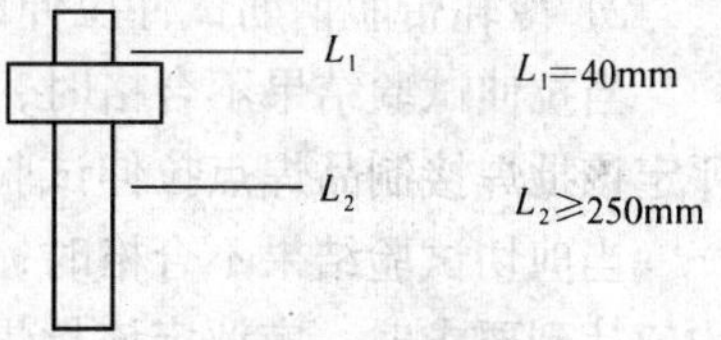

$L_1$

$L_2$

$L_1$=40mm

$L_2$≥250mm

图 2-4　钢筋焊接骨架和焊接网接头试件

## 五、试验结果判定

1. 焊接接头

(1) 钢筋闪光对焊接头、电弧焊接头、电渣压力焊接头、气压焊接头

1) 钢筋闪光对焊接头、电弧焊接头、电渣压力焊接头、气压焊接头拉伸结果判断

①3 个热轧钢筋接头试件的抗拉强度均不得小于该牌号钢筋规定的抗拉强度；RRB400 钢筋接头试件的抗拉强度均不得小于 570N/mm$^2$。

②至少应有 2 个试件断于焊缝之外，并应呈延性断裂。

当达到上述 2 项要求时，应评定该批接头为抗拉强度合格。

当试验结果有 2 个试件抗拉强度小于钢筋规定的抗拉强度，或 3 个试件均在焊缝或热影响区发生脆性断裂时，则一次判定该批接头为不合格品。

当试验结果有 1 个试件的抗拉强度小于规定值，或 2 个试件在焊缝或热影响区发生脆性断裂，其抗拉强度均小于钢筋规定抗拉强度的 1.10 倍时，应进行复验。

复验时，应再切取 6 个试件。复验结果，当仍有 1 个试件的抗拉强度小于规定值，或有 3 个试件断于焊缝或热影响区，呈脆性断裂，其抗拉强度小于钢筋规定抗拉强度的 1.10 倍时，应判定该批接头为不合格品。

注：当接头试件虽断于焊缝或热影响区，呈脆性断裂，但其抗拉强度大于或等于钢筋规定抗拉强度的 1.10 倍时，可按断于焊缝或热影响区之外，呈延性断裂同等对待。

2) 闪光对焊接头、气压焊接头弯曲试验结果判断

①当试件弯至 90°，有 2 个或 3 个试件外侧（含焊缝和热影响区）未发生破裂，应评定该批接头弯曲试验合格。

②当 3 个试件均发生破裂，则一次判定该批接头为不合格品。

③当有 2 个试件发生破裂应进行复验。

④复验时，应再切取 6 个试件。复验结果，当有 3 个试件发生破裂时，应判定该批接头为不合格品。

注：1. 当试件外侧横向裂纹宽度达 0.5mm 时，应认定已经破裂。

2. 对钢筋闪光对焊和电弧焊接头，当模拟试件试验结果不符合要求时，应进行复验。复验应从现场焊接接头中切取，其数量和要求与初始试验时相同。

(2) 钢筋焊接骨架和焊接网试件试验结果判断

1) 剪切结果：

钢筋焊接骨架、焊接网点剪切试验结果，3 个试件抗剪力平均值应符合下式要求：

$$F \geqslant 0.3A_0\sigma_s$$

式中　$F$——抗剪力（N）；

$A_0$——纵向钢筋的横截面面积（mm$^2$）；

$\sigma_s$——纵向钢筋规定的屈服强度（N/mm$^2$）。

注：冷轧带肋钢筋的屈服强度按 440N/mm$^2$ 计算。

2）冷轧带肋钢筋试件拉伸试验结果，其抗拉强度不得小于 550N/$mm^2$。

当拉伸试验结果不合格时，应再切取双倍数量试件进行复检；复验结果均合格时，应评定该批焊接制品焊点拉伸试验合格。

当剪切试验结果不合格时，应从该批制品中再切取 6 个试件进行复验；当全部试件平均值达到要求时，应评定该批焊接制品焊点剪切试验合格。

（3）预埋件钢筋 T 形接头试件试验结果判断

1）预埋件钢筋 T 形接头拉伸试验结果，3 个试件抗拉强度均应符合下列要求：

HPB235 钢筋接头不得小于 350N/$mm^2$；

HRB335 钢筋接头不得小于 470N/$mm^2$；

HRB400 钢筋接头不得小于 550N/$mm^2$。

当试验结果，3 个试件中有小于规定值时，应进行复验。

2）复验时，应再取 6 个试件。复验结果，其抗拉强度均达到上述要求时，应评定该批接头为合格品。

2. 机械连接接头

（1）对接头的每一验收批，必须在工程结构中随机截取 3 个接头试件作抗拉强度试验，按设计要求的接头等级进行评定。

（2）当 3 个接头试件的抗拉强度均符合相应等级的要求时，该验收批评为合格。

（3）如有 1 个试件的强度不符合要求，应再取 6 个试件进行复检。复检中如仍有一个试件的强度不符合要求，则该验收批评为不合格。

## 第八节　防　水　材　料

### 一、相关的标准、规范、规程

1.《屋面工程质量验收规范》GB 50207—2002；

2.《地下防水工程质量验收规范》GB 50208—2002；

3.《弹性体改性沥青防水卷材》GB 18242—2000；

4.《塑性体改性沥青防水卷材》GB 18243—2000；

5.《聚合物改性沥青复合胎防水卷材质量检验评定标准》DBJ 01—53—2001；

6.《自粘橡胶沥青防水卷材》JC/T 840—1999；

7.《油毡瓦》JC/T 503—92（96）；

8.《高分子防水材料　第一部分　片材》GB 18173.1—2000；

9.《聚氯乙烯防水卷材》GB 12952—2003；

10.《氯化聚乙烯防水卷材》GB 12953—2003；

11.《聚氨酯防水涂料》GB/T 19250—2003；

12.《水性沥青基防水涂料》JC 408—91（96）；

13.《聚合物乳液建筑防水涂料》JC/T 864—2000；

14.《聚合物水泥防水涂料》JC/T 894—2001；

15.《高分子防水材料　第二部分　止水带》GB 18173.2—2000。

## 二、防水材料的分类

防水材料可分为防水卷材、防水涂料、防水密封材料、刚性防水（堵漏材料）四大类。常用的品种如下

1. 防水卷材

改性沥青基卷材：
- 弹性体改性沥青防水卷材（简称 SBS 卷材）
- 塑性体改性沥青防水卷材（简称 APP 卷材）
- 聚合物改性沥青复合胎防水卷材
- 自粘橡胶沥青防水卷材

合成高分子卷材：
- 三元乙丙卷材
- 聚氯乙烯卷材（简称 PVC 卷材）
- 氯化聚乙烯—橡胶共混卷材
- 聚乙烯丙纶丝复合卷材

2. 防水涂料

改性沥青基防水涂料：
- 水性沥青基防水涂料（例如氯丁胶乳沥青防水涂料）
- 溶剂型沥青基防水涂料（北京地区已禁用）

合成高分子防水涂料：
- 聚氨酯防水涂料
- 聚合物乳液建筑防水涂料（如丙烯酸酯、硅橡胶）
- 聚合物水泥防水涂料（简称 JS 复合涂料）

3. 防水密封材料

如沥青、各种密封膏、止水带和遇水膨胀止水条等。

遇水膨胀止水条：具有遇水膨胀性能的遇水膨胀腻子条和遇水膨胀橡胶条的统称。

4. 刚性防水（堵漏材料）

如水不漏、水泥基渗透结晶型防水材料等。

## 三、常用防水材料介绍

1. 常用改性沥青基卷材

（1）弹性体改性沥青防水卷材（SBS 卷材）

①定义：以聚酯毡或玻纤毡为胎基、苯乙烯—丁二烯—苯乙烯（SBS）热塑性弹性体作改性剂，两面覆以隔离材料所制成的建筑防水材料（简称“SBS 卷材”）。

②分类：

a. 按胎基分为聚酯胎（PY）和玻纤胎（G）两类。

b. 按上表面隔离材料分为聚乙烯膜（PE）、细砂（S）与矿物粒（片）料（M）。

c. 按物理力学性能分为Ⅰ型和Ⅱ型。Ⅰ型产品技术指标相当于国际一般水平，标志性指标为低温柔度 -18℃；Ⅱ型产品技术指标相当于国际先进水平，低温柔度 -25℃。

③技术指标：

a. SBS 卷材的卷重、面积、厚度应符合表 2-44 的规定。

b. 外观质量的规定：

成卷卷材应卷紧卷齐，端面里进外出不得超过 10mm；

成卷卷材在 4~50℃任一产品温度下展开，在距卷芯 1000mm 长度外不应有 10mm 以上

的裂纹或粘结；

**SBS卷材的卷重、面积、厚度** 表2-44

| 规格（公称厚度）(mm) | | 2 | | 3 | | | 4 | | | | | |
|---|---|---|---|---|---|---|---|---|---|---|---|---|
| 上表面材料 | | PE | S | PE | S | M | PE | S | M | PE | S | M |
| 面积（m²/卷） | 公称面积 | 15 | | 10 | | | 10 | | | 7.5 | | |
| | 偏　差 | ±0.15 | | ±0.10 | | | ±0.10 | | | ±0.10 | | |
| 最低卷重（kg/卷） | | 33.0 | 37.5 | 32.0 | 35.0 | 40.0 | 42.0 | 45.0 | 50.0 | 31.5 | 33.0 | 37.5 |
| 厚度（mm） | 平均值，≥ | 2.0 | | 3.0 | | 3.2 | 4.0 | | 4.2 | 4.0 | | 4.2 |
| | 最小单值 | 1.7 | | 2.7 | | 2.9 | 3.7 | | 3.9 | 3.7 | | 3.9 |

胎基应浸透，不应有未被浸渍的条纹；

卷材表面必须平整，不允许有孔洞、缺边和裂口，矿物粒（片）料粒度应均匀一致并紧密地粘附于卷材表面；

每卷接头处不应超过1个，较短的一段不应少于1000mm，接头应剪切整齐，并加长150mm。

c.SBS卷材的物理性能应符合表2-45的规定。

**SBS卷材的物理性能指标** 表2-45

| 序号 | 胎基 | | PY | | G | |
|---|---|---|---|---|---|---|
| | 型号 | | Ⅰ | Ⅱ | Ⅰ | Ⅱ |
| 1 | 不透水性 | 压力（MPa）≥ | 0.3 | | 0.2 | 0.3 |
| | | 保持时间（min）≥ | 30 | | | |
| 2 | 耐热度（℃） | | 90 | 105 | 90 | 105 |
| | | | 无滑动、无流淌、无滴落 | | | |
| 3 | 拉力（N/50mm）≥ | 纵向 | 450 | 800 | 350 | 500 |
| | | 横向 | | | 250 | 300 |
| 4 | 最大拉力时延伸率（%）≥ | 纵向 | 30 | 40 | — | |
| | | 横向 | | | | |
| 5 | 低温柔度（℃） | | −18 | −25 | −18 | −25 |
| | | | 无裂纹 | | | |

④必试项目：

a. 拉力；

b. 最大拉力时延伸率（玻纤胎卷材无此项）；

c. 不透水性；

d. 柔度；

e. 耐热度。

⑤组批原则：同厂、同品种、同规格卷材10000m²（1000卷）为一批，不足10000m²亦为一批。

⑥取样方法：

a. 每500～1000卷抽4卷，100～499卷抽3卷，100卷以下抽2卷，进行规格尺寸和外观质量检验。在外观质量检验合格的卷材中，任抽一卷作物理性能检验。

b. 将试样卷材切除距外层卷头2500mm后，顺纵向切取800mm的全幅卷材试样2块。一块做物理性能检验用，另一块备用。

⑦SBS卷材的卷重、面积、厚度及外观检验方法：

a. 卷重：

用精度为0.2kg的台秤称量每卷卷材的质量。

b. 面积：

用最小分度值为1mm的卷尺测量宽度、长度，以长乘宽得每卷卷材面积；若有接头，以量出两段长度之和减去150mm计算。

当面积超出标准规定的正偏差时，按公称面积计算其卷重，当其符合最低卷重要求时，亦判为合格；

c. 厚度：

使用10mm直径接触面，单位面积压力为0.02MPa，分度值为0.01mm的厚度计测量，保持时间5s；沿卷材宽度方向裁取50mm宽的卷材一条（50mm×1000mm），在宽度方向测量5点；距卷材长度边缘150±15mm向内各取一点，在这两点中间均匀取其余三点；对砂面卷材必须清除浮砂后再进行测量；计算五点的平均值作为该卷材的厚度。以所抽卷材数量的卷材厚度的总平均值作为该批产品的厚度。

d. 外观：

将卷材立放于平面上，用一把钢板尺平放在卷材的端面上，用另一把最小分度值为1mm的钢板尺垂直伸入卷材端面最凹处，测得的数值即为卷材端面的里进外出值；然后将卷材展开按外观质量要求检查；沿宽度方向裁取50mm宽的一条，胎体内不应有未被浸透的条纹。

⑧ SBS卷材的质量判定：

a. 卷重、面积、厚度与外观在抽取的卷材中均应符合规定要求；若其中一项不符合规定，允许在该批产品中另取同样卷数样品复查，若仍不符合规定，则该批产品不合格。

b. 在物理力学性能检测中若有一项指标不符合规定，允许在该批产品中再抽取1卷对不符合项进行复验；达到标准规定时，则判该批产品合格。

（2）塑性体改性沥青防水卷材（APP卷材）

①定义：以聚酯毡或玻纤毡为胎基、无规聚丙烯（APP）或聚烯烃类聚合物（APAO、APO）作改性剂，两面覆以隔离材料所制成的建筑防水材料（统称APP卷材）。

②分类：

a. 按胎基分为聚酯胎（PY）和玻纤胎（G）两类。

b. 按上表面隔离材料分为聚乙烯膜（PE）、细砂（S）与矿物粒（片）料（M）。

c. 按物理力学性能分为Ⅰ型和Ⅱ型。

③技术指标：

塑性体改性沥青防水卷材的涂层是用热塑性塑料（如无规聚丙烯APP）改性沥青，其低温柔性不如弹性体改性沥青，但耐热性优于弹性体改性沥青。APP卷材的卷重、面积、厚度及外观质量的规定均与 SBS 卷材相同，但物理力学性能指标不同。

塑性体改性沥青防水卷材的物理性能指标见表 2-46。

**APP 卷材的物理性能指标** **表 2-46**

| 序号 | 胎基 | | PY | | G | |
|---|---|---|---|---|---|---|
| | 型号 | | Ⅰ | Ⅱ | Ⅰ | Ⅱ |
| 1 | 不透水性 | 压力（MPa）≥ | 0.3 | | 0.2 | 0.3 |
| | | 保持时间（min）≥ | 30 | | | |
| 2 | 耐热度（℃） | | 110 | 130 | 110 | 130 |
| | | | 无滑动、无流淌、无滴落 | | | |
| 3 | 拉力（N/50mm）≥ | 纵向 | 450 | 800 | 350 | 500 |
| | | 横向 | | | 250 | 300 |
| 4 | 最大拉力时延伸率（%）≥ | 纵向 | 25 | 40 | — | |
| | | 横向 | | | | |
| 5 | 低温柔度（℃） | | -5 | -15 | -5 | -15 |
| | | | 无裂纹 | | | |

④ 必试项目：

a. 拉力；

b. 最大拉力时延伸率（玻纤胎卷材无此项）；

c. 不透水性；

d. 柔度；

e. 耐热度。

⑤ 组批原则：同厂、同品种、同规格卷材 10000m$^2$（1000 卷）为一批，不足 10000m$^2$ 亦为一批。

⑥ 取样方法：

a. 每 500～1000 卷抽 4 卷，100～499 卷抽 3 卷，100 卷以下抽 2 卷，进行规格尺寸和外观质量检验。在外观质量检验合格的卷材中，任抽一卷作物理性能检验。

b. 将试样卷材切除距外层卷头 2500mm 后，顺纵向切取 800mm 的全幅卷材试样 2 块。一块做物理性能检验用，另一块备用。

⑦ APP 卷材的卷重、面积、厚度及外观检验方法与 SBS 卷材的相同。

⑧ APP 卷材的质量判定与 SBS 卷材相同。

(3) 聚合物改性沥青复合胎防水卷材

① 定义：以复合胎（由玻璃纤维、聚酯纤维、棉混合纤维三种无纺布分别同中碱玻璃纤维网格布按一定工艺加工复合而成）为基材，以聚合物（SBS、APP）作改性剂，两面覆以覆面材料制作而成的建筑防水材料。

② 分类：

聚合物改性沥青复合胎卷材可以是 SBS 改性沥青涂层，也可以是 APP 改性沥青涂层。

复合胎基分为两类：

Ⅰ类——玻纤毡和玻纤网格布（GK）棉混合纤维无纺布和玻纤网格布（NK），后者是北京市场上的主要品种；

Ⅱ类——聚酯毡和玻纤网格布（PYK）。

③ 技术指标：

聚合物改性沥青复合胎卷材对涂层的要求与SBS卷材、APP卷材的国标型产品指标相同，只是因为胎基不同，所以对拉力另外规定了指标，无延伸率指标。

该卷材对卷重、面积、厚度和外观质量的要求均与SBS、APP卷材的国标相同。

a.SBS改性沥青复合胎防水卷材物理力学指标见表2-47。

**SBS改性沥青复合胎防水卷材物理力学指标　　表2-47**

| 序号 | 项目 | | 指标 Ⅰ | 指标 Ⅱ |
|---|---|---|---|---|
| 1 | 不透水性 | 压力，0.3MPa | 不透水 | |
| | | 保持时间，30min | | |
| 2 | 耐热度 | 90℃ | 无滑动、无流淌、无滴落 | |
| 3 | 拉力（N） | 纵向 | ≥450 | ≥600 |
| | | 横向 | ≥400 | ≥500 |
| 4 | 低温柔度 | -18℃ | 无裂纹 | |

b.APP改性沥青复合胎防水卷材物理力学指标见表2-48。

**APP改性沥青复合胎防水卷材物理力学指标　　表2-48**

| 序号 | 项目 | | 指标 Ⅰ | 指标 Ⅱ |
|---|---|---|---|---|
| 1 | 不透水性 | 压力，0.3MPa | 不透水 | |
| | | 保持时间，30min | | |
| 2 | 耐热度 | 110℃ | 无滑动、无流淌、无滴落 | |
| 3 | 拉力（N） | 纵向 | ≥450 | ≥600 |
| | | 横向 | ≥400 | ≥500 |
| 4 | 低温柔度 | -5℃ | 无裂纹 | |

④ 必试项目：

a. 拉力；

b. 不透水性；

c. 低温柔度；

d. 耐热度。

⑤ 组批原则与抽样规定：

聚合物改性沥青复合胎卷材的组批原则和抽样方法，与SBS卷材相同。

⑥ 质量判定：按北京市地方标准《聚合物改性沥青复合胎防水卷材质量检验评定标准》DBJ 01—53—2001评定，若有一项指标不合格应另抽一卷做全项复试。

2. 常用高分子防水卷材（片材）

高分子防水卷材（片材）的分类见表2-49。

(1) 三元乙丙防水卷材

① 技术指标：

三元乙丙卷材的物理性能指标见表 2-50。

**高分子防水卷材（片材）的分类　　　　表 2-49**

| 分类 | | 代号 | 主要原材料 |
|---|---|---|---|
| 均质片 | 硫化橡胶类 | JL1 | 三元乙丙橡胶 |
| | | JL2 | 橡胶（橡塑）共混 |
| | | JL3 | 氯丁橡胶、氯磺化聚乙烯、氯化聚乙烯等 |
| | | JL4 | 再生胶 |
| | 非硫化橡胶类 | JF1 | 三元乙丙橡胶 |
| | | JF2 | 橡胶共混 |
| | | JF3 | 氯化聚乙烯 |
| | 树脂类 | JS1 | 聚氯乙烯等 |
| | | JS2 | 乙烯醋酸乙烯、聚乙烯等 |
| | | JS3 | 乙烯醋酸乙烯改性沥青共混等 |
| 复合片 | 硫化橡胶类 | FL | 乙丙、丁基、氯丁橡胶、氯磺化聚乙烯等 |
| | 非硫化橡胶类 | FF | 氯化聚乙烯，乙丙、丁基、氯丁橡胶、氯磺化聚乙烯等 |
| | 树脂类 | FS1 | 聚氯乙烯等 |
| | | FS2 | 聚乙烯等 |

**三元乙丙卷材的物理性能指标　　　　表 2-50**

| 项目 | | 指标 | 项目 | | 指标 |
|---|---|---|---|---|---|
| 断裂拉伸强度（MPa） | ≥ | 7.5 | 不透水性，30min 无透漏 | | 0.3MPa |
| 扯断伸长率（%） | ≥ | 450 | 低温弯折（℃） | ≤ | -40 |

② 必试项目：

a. 拉伸强度；

b. 伸长率（延伸率）；

c. 不透水性；

d. 低温弯折性。

③外观质量检验：

卷材表面应平整、边缘整齐，不能有裂纹、机械损伤、折痕、穿孔及异常粘着部分等影响使用的缺陷。

④组批原则和取样方法：

a. 按 GB18173.1—2000 标准的规定，以同品种、同规格的 5000m² 为一批。

b. 现场抽取 3 卷进行规格尺寸和外观质量检验，合格后从中抽一卷切除外层卷头 300mm，顺纵向切取 1500mm 长卷材作物理性能检验。

⑤质量判定：

三元乙丙卷材物理性能应符合表2-50的规定，若有一项指标不符合技术要求，应另取双倍试样进行该项复试；复试结果如仍不合格，则该批产品为不合格。

(2) 聚氯乙烯防水卷材（PVC卷材）

① 分类：

聚氯乙烯防水卷材按有无复合层分类，无复合层的为N类、用纤维单面复合的为L类、织物内增强的为W类。

每类产品按理化性能分为Ⅰ型和Ⅱ型。

②技术指标：

聚氯乙烯防水卷材的物理性能指标见表2-51和表2-52。

**N类卷材物理性能** **表2-51**

| 序号 | 项目 | Ⅰ型 | Ⅱ型 |
|---|---|---|---|
| 1 | 拉伸强度（MPa） ≥ | 8.0 | 12.0 |
| 2 | 断裂伸长率（%） ≥ | 200 | 250 |
| 3 | 低温弯折性 | -20℃无裂纹 | -25℃无裂纹 |
| 4 | 不透水性 | 不透水 | |
| 5 | 剪切状态下的粘合性（N/mm） ≥ | 3.0或卷材破坏 | |

**L类及W类卷材物理性能** **表2-52**

| 序号 | 项目 | | Ⅰ型 | Ⅱ型 |
|---|---|---|---|---|
| 1 | 拉力（N/cm） ≥ | | 100 | 160 |
| 2 | 断裂伸长率（%） ≥ | | 150 | 200 |
| 3 | 低温弯折性 | | -20℃无裂纹 | -25℃无裂纹 |
| 4 | 不透水性 | | 不透水 | |
| 5 | 剪切状态下的粘合性（N/mm） ≥ | L类 | 3.0或卷材破坏 | |
| | | W类 | 6.0或卷材破坏 | |

③ 必试项目：

a. 拉伸强度；

b. 断裂伸长率；

c. 不透水性；

d. 低温弯折性。

④ 外观质量检验：

卷材表面应平整、边缘整齐，无裂纹、孔洞、粘结、气泡和疤痕。

⑤ 组批原则和取样方法：

以同类同型的10000m² 卷材为一批，不满10000m² 也可作为一批。

在该批产品中随机抽取3卷进行外观和尺寸偏差检验，在检验合格的样品中任取一卷，在距外层端部500mm处裁取1500mm送样。

⑥ 质量判定：

若试验项目中仅有一项不符合标准规定，允许在该批产品中随机另取一卷进行单项复试。合格则判该批产品理化性能合格，否则判该批产品理化性能不合格。

3. 常用防水涂料

(1) 聚氨酯防水涂料

① 分类：

a. 聚氨酯涂料按组分分为单组分（S）、多组分（M）两种。

b. 聚氨酯涂料按拉伸性能分为Ⅰ、Ⅱ两类。

② 技术指标：

单、多组分聚氨酯涂料的物理力学性能指标见表2-53、表2-54。

**单组分聚氨酯防水涂料的物理力学性能** **表2-53**

| 序号 | 项目 | Ⅰ | Ⅱ |
|---|---|---|---|
| 1 | 拉伸强度（MPa） ≥ | 1.9 | 2.45 |
| 2 | 断裂伸长率（%） ≥ | 550 | 450 |
| 3 | 低温弯折性（℃） ≤ | -40 | |
| 4 | 不透水性，0.3MPa 30min | 不透水 | |
| 5 | 固体含量（%） ≥ | 80 | |

**多组分聚氨酯防水涂料的物理力学性能** **表2-54**

| 序号 | 项目 | Ⅰ | Ⅱ |
|---|---|---|---|
| 1 | 拉伸强度（MPa） ≥ | 1.90 | 2.45 |
| 2 | 断裂伸长率（%） ≥ | 450 | 450 |
| 3 | 低温弯折性（℃） ≤ | -35 | |
| 4 | 不透水性，0.3MPa 30min | 不透水 | |
| 5 | 固体含量（%） ≥ | 92 | |

③ 必试项目：

a. 拉伸强度；

b. 断裂伸长率；

c. 不透水性；

d. 低温弯折性；

e. 固体含量。

④ 外观质量检验：

产品外观为均匀黏稠体，无凝胶、结块。

⑤ 组批原则：

a. 聚氨酯防水涂料以15t为一验收批，不足15t亦为一验收批。

b. 每一验收批取样总重约为3kg；

⑥ 取样方法：搅拌均匀后，装入干燥的密闭容器中（甲、乙组份取样方法相同，分装到不同的容器中）。

⑦ 质量判定：

若试验结果仅有一项指标不符合标准规定，允许在该批产品中再抽同样数量的样品，对不合格项进行单项复试。达到标准规定时，则该批产品物理力学性能合格。

(2) 水性沥青基防水涂料

① 分类：

水性沥青基防水涂料按乳化剂，成品外观和施工工艺的差别分为水性沥青基厚质防水涂料和水性沥青基薄质防水涂料两类。

a. AE-1类：水性沥青基厚质防水涂料，按其采用矿物乳化剂不同，又分为：

AE-1-A 水性石棉沥青防水涂料；

AE-1-B 膨润土沥青乳液；

AE-1-C 石灰乳化沥青。

b. AE-2类：水性沥青基薄质防水涂料，按其采用的化学乳化剂不同，又分为：

AE-2-a 氯丁胶乳沥青；

AE-2-b 水性乳再生胶沥青涂料；

AE-2-c 用化学乳化剂配制的乳化沥青。

② 技术指标：

水性沥青基防水涂料的质量指标见表2-55。

**水性沥青基防水涂料的质量指标　　表2-55**

<table>
<tr><th colspan="2" rowspan="3">项　　目</th><th colspan="4">质　量　指　标</th></tr>
<tr><th colspan="2">AE-1</th><th colspan="2">AE-2</th></tr>
<tr><th>一等品</th><th>合格品</th><th>一等品</th><th>合格品</th></tr>
<tr><td colspan="2">外　观</td><td>搅拌后为黑色或黑灰色均质膏体或黏稠体，搅匀和分散在水溶液中无沥青丝</td><td>搅拌后为黑色或黑灰色均质膏体或黏稠体，搅匀和分散在水溶液中无沥青丝</td><td>搅拌后为黑色或蓝褐色均质液体，搅拌棒上不粘附任何颗粒</td><td>搅拌后为黑色或蓝褐色均质液体，搅拌棒上不粘附明显颗粒</td></tr>
<tr><td colspan="2">固体含量（%）≥</td><td colspan="2">50</td><td colspan="2">43</td></tr>
<tr><td>延伸性（mm）≥</td><td>无处理</td><td>5.5</td><td>4.0</td><td>6.0</td><td>4.5</td></tr>
<tr><td colspan="2" rowspan="2">柔韧性</td><td>5±1℃</td><td>10±1℃</td><td>－15±1℃</td><td>－10±1℃</td></tr>
<tr><td colspan="4">无裂纹、断裂</td></tr>
<tr><td colspan="2">耐热性</td><td colspan="4">无流淌、起泡和滑动</td></tr>
<tr><td colspan="2">粘结性（MPa）≥</td><td colspan="4">0.20</td></tr>
<tr><td colspan="2">不透水性</td><td colspan="4">不　渗　水</td></tr>
</table>

③ 必试项目：

a. 延伸性；

b. 柔韧性；

c. 耐热性；

d. 不透水性；

e. 固体含量。

④ 组批原则：

水性沥青基防水涂料以10t为一验收批，不足10t也按一批进行抽检。每验收批抽取试样2kg。

⑤ 取样方法

取样时，先搅拌均匀。抽取的试样装入密闭的容器中。

⑥质量判定：

对于耐热性、柔韧性、不透水性试验，若有一个试件不合格时，应双倍抽样复试，复检合格为合格，复检时仍有一个试件不合格，则该项技术要求不合格。

(3) 聚合物水泥防水涂料

①定义：

以丙烯酸酯等聚合物乳液和水泥为主要原料，加入其他外加剂制得的双组分水性建筑防水涂料。

② 分类：

产品分为Ⅰ型和Ⅱ型两种。

Ⅰ型：以聚合物为主的防水涂料；

Ⅱ型：以水泥为主的防水涂料。

③ 技术指标：

聚合物水泥防水涂料的物理力学性能指标见表2-56。

**聚合物水泥防水涂料的物理力学性能指标　　表2-56**

| 序号 | 试验项目 | | 技术指标 | |
|---|---|---|---|---|
| | | | Ⅰ型 | Ⅱ型 |
| 1 | 固体含量（%） | ≥ | 65 | |
| 2 | 拉伸强度，无处理（MPa） | ≥ | 1.2 | 1.8 |
| 3 | 断裂伸长率，无处理（%） | ≥ | 200 | 80 |
| 4 | 低温柔性，$\phi$10mm棒 | | -10℃无裂纹 | — |
| 5 | 不透水性，0.3MPa，30min | | 不透水 | 不透水 |
| 6 | 抗渗性（背水面）（MPa） | ≥ | — | 0.6 |

注：如产品用于地下防水工程，不透水性可不测试，但必须测试抗渗性。

④ 必试项目：

a. 固体含量；

b. 拉伸强度；

c. 断裂伸长率；

d. 低温柔性；

e. 不透水性。

⑤ 外观质量检验：

产品的两组分经分别搅拌后，其液体组分应为无杂质、无凝胶的均匀乳液；固体组分应为无杂质、无结块的粉末。

⑥ 组批原则：

乳液、粉料共计10t为一批，不足10t也按一批计。

⑦ 取样方法：

抽样前乳液应搅拌均匀，乳液、粉料按配比共取5kg样品。

⑧ 质量判定：

聚合物水泥防水涂料的试验结果若有两项以上指标不符合标准时，判该批产品为不合格；若有一项指标不符合标准时，允许在同批产品中加倍抽样进行单项复试，若该项指标仍不符合标准，则判该批产品为不合格。

### 四、试验结果判定

详见上述各类常用防水材料的质量判定。

## 第九节 普通混凝土

### 一、相关技术标准、规程、规范

1.《混凝土结构工程施工质量验收规范》GB 50204—2002；
2.《预拌混凝土》GB/T 14902—2003；
3.《混凝土拌合用水标准》JGJ 63—89；
4.《混凝土强度检验评定标准》GBJ 107—87；
5.《普通混凝土拌合物性能试验方法标准》GB/T 50080—2002；
6.《普通混凝土力学性能试验方法》GB/T 50081—2002；
7.《普通混凝土长期性能和耐久性能试验方法》GBJ 82—85；
8.《普通混凝土配合比设计规程》JGJ 55—2000；
9.《混凝土试验用震动台》JG/T 3020—94；
10.《混凝土试模》JG 3019—94；
11.《混凝土坍落度仪》JG 3021—94；
12.《混凝土外加剂应用技术规范》GB 50119—2003；
13.《混凝土质量控制标准》GB 50164—92；
14.《粉煤灰混凝土应用技术规范》GBJ 146—90。

### 二、基本概念

建筑工程中所说的混凝土，通常指水泥混凝土，是由水泥、水、粗骨料（亦称粗集料）、细骨料（亦称细集料）、掺合料（亦称矿物外加剂）和外加剂（即化学外加剂）按适当比例配合、拌制均匀、浇筑成型经硬化后形成的人造石材。在硬化前称之为混凝土拌合物。

1. 混凝土的分类

(1)按表观密度分
- 特重混凝土($\rho > 2600\ kg/m^3$)
- 普通混凝土($\rho = 2200 \sim 2500\ kg/m^3$)
- 轻(质)混凝土($\rho < 2200\ kg/m^3$)
  - 轻骨料混凝土($\rho = 800 \sim 1950\ kg/m^3$)
  - 多孔混凝土($\rho < 600\ kg/m^3$)

（2）按使用功能分：
- 结构混凝土
- 水工混凝土
- 道路混凝土
- 特种混凝土

（3）按施工工艺分：
- 普通浇筑混凝土
- 钢筋混凝土
- 喷射混凝土
- 泵送混凝土

（4）按配筋分：
- 素（无筋）混凝土
- 钢筋混凝土（含预应力混凝土）
- 钢丝网混凝土
- 纤维混凝土

（5）按混凝土拌合物稠度：
- 维勃稠度
  - 超干硬混凝土
  - 特干硬混凝土
  - 干硬性混凝土
  - 半干硬混凝土
- 坍落度
  - 低塑性混凝土
  - 塑性混凝土
  - 流动性混凝土
  - 大流动性混凝土

（6）按混凝土的功能：
- 抗渗混凝土
- 抗冻混凝土

（7）按结构混凝土所处环境

Ⅰ类：干燥环境，空气相对湿度长期低于80%工民建工程；

Ⅱ类：潮湿环境，直接与水接触的混凝土工程和干湿交替环境；

Ⅲ类：外部有供碱环境，并处于潮湿环境。

（8）按强度等级

普通混凝土按立方体抗压强度标准值分为C7.5、C10、C15、C20、C25、C30、C35、C40、C45、C50、C55、C60等强度等级，其中C表示混凝土，C后面的数值为立方体抗压强度标准值。

注：立方体抗压强度标准值是指按标准方法制作和养护的边长为150mm的立方体试件，在28d龄期，用标准方法测得的抗压强度总体分布中的一个值，强度低于该值的百分率不超过5%。

2. 定义

（1）普通混凝土：干密度为2000～2800kg/$m^3$的水泥混凝土。

（2）干硬性混凝土：混凝土拌合物的坍落度小于10mm，且须用维勃稠度（s）表示其稠度的混凝土。

（3）塑性混凝土：混凝土拌合物坍落度为10～90mm的混凝土。

（4）流动性混凝土：混凝土拌合物坍落度为100～150mm的混凝土。

（5）大流动性混凝土（高流态混凝土）：混凝土拌合物坍落度等于或大于160mm的混凝土。

（6）抗渗混凝土：抗渗等级等于或大于 P6 级的混凝土。

（7）抗冻混凝土：抗冻等级等于或大于 F50 级的混凝土。

（8）高强混凝土：强度等级为 C60 及其以上的混凝土。

（9）泵送混凝土：混凝土拌合物的坍落度不低于 100mm，并采用泵送施工的混凝土。

（10）大体积混凝土：混凝土结构物实体最小尺寸等于或大于 1m，或预计会因水泥水化热引起混凝土内外温差过大而导致裂缝的混凝土。

（11）预拌混凝土：水泥、骨料、水以及根据需要掺入的外加剂、掺合料等组分按一定比例，在搅拌站经计量、拌制后出售的并采用运输车，在规定时间内运至使用地点的混凝土拌合物。

（12）加强带：在原留设伸缩缝或后浇带的部位，留出一定宽度，采用膨胀率大的混凝土与相邻混凝土同时浇筑的部位。

（13）受冻临界强度：冬期浇筑的混凝土在受冻以前必须达到的最低强度，混凝土达到这一强度后，开冻后的后期强度损失在 5%以内时。

（14）蓄热法：混凝土浇筑后，利用原材料加热及水泥水化热的热量，通过适当保温延缓混凝土冷却，使混凝土冷却到 0℃以前达到预期要求强度的施工方法。

（15）综合蓄热法：掺化学外加剂的混凝土浇筑后，利用原材料加热及水泥水化热的热量，通过适当保温，延缓混凝土冷却，使混凝土温度降到 0℃或设计规定温度前达到预期要求强度的施工方法。

（16）成熟度：混凝土在养护期间养护温度和养护时间的乘积。

（17）混凝土碱骨料反应：混凝土中的水泥、外加剂、矿物掺合料和拌和水中的可溶性碱（钾、钠）溶于混凝土孔隙液中，与骨料中能与碱反应的活性成分在混凝土硬化后逐渐发生的一种使混凝土产生内应力，以导致混凝土工程膨胀开裂等危害的化学反应。

（18）碱硅酸反应：混凝土中的碱与骨料中含活性二氧化硅类矿物之间的一种化学反应。该反应的生成物碱硅凝胶吸水膨胀，可导致混凝土结构损坏。

（19）碱碳酸盐反应：混凝土骨料中某些泥质白云质微晶灰岩或泥质白云岩，遇碱发生去白云石化反应。反应生成物为水镁石、碳酸钙和碳酸碱，其中水镁石在有限空间内晶格重新排列可导致混凝土结构损坏。

（20）混凝土碱含量：在胶凝材料水化过程中，水泥、矿物掺合料、外加剂和拌合水游离出的碱量。以等当量 $Na_2O$ 计（即 $Na_2O_{ep} = Na_2O + 0.658 \times K_2O$），单位为 $kg/m^3$。

## 三、必试项目

1. 稠度；

2. 抗压强度。

## 四、组批原则、试件留置数量、试验取样、检验、试件成型及养护

1. 组批原则与试件留置数量

（1）稠度测试组批原则

1）对于自拌混凝土，其拌合物的稠度应在搅拌地点和浇筑地点分别取样进行检测。每一工作班检测不应少于一次，评定时应以浇筑地点的测值为准。在预制混凝土构件厂

(场)，如混凝土拌合物从搅拌机出料起至浇筑入模的时间不超过 15 分钟时，其稠度可仅在搅拌地点取样测试。

2）对于预拌混凝土，其拌合物的稠度应在卸料地点检测。

3）混凝土实测稠度应符合设计和施工要求，其允许偏差值应符合表 2-59 的规定。

4）在检测坍落度时，应观察混凝土拌合物的黏聚性和保水性。

(2) 普通混凝土抗压强度试件留置组批原则

1）每拌制 100 盘且不超过 $100m^3$ 的同配合比的混凝土，取样不得少于一次；

2）每工作班拌制的同一配合比的混凝土不足 100 盘时，取样不得少于一次；

3）当一次连续浇筑超过 $1000m^3$ 时，同一配合比的混凝土每 $200m^3$，取样不得少于一次；

4）每一楼层、同一配合比的混凝土，取样不得少于一次；

5）每次取样应至少留置一组标准养护试件；

6）同条件养护试件的留置组数应根据实际需要确定，供结构构件拆模、出池、吊装及施工期间临时负荷确定混凝土强度用；

7）留置适量的结构实体检验用同条件养护试件（以下简称“ST 试件”）；

8）冬期施工的混凝土试件的留置，除应符合上述规定外，还应增设不少于两组与结构同条件养护的试件，包括检验混凝土抗冻临界强度和与工程同条件养护 28d 再转标准养护 28d 强度试件。

依据上述规定，不同的施工部位和不同的施工季节，其试块留置数量和养护方式可参见表 2-57。

**混凝土试件留置数量推荐表（组）**　　**表 2-57**

| 施工部位 | 常温季节 | 冬期施工期间应增加 |
|---|---|---|
| 垫　层 | $B\geqslant1$; | * $DT\geqslant2$;　$N\geqslant1$ |
| 底　板 | $B\geqslant1$; | * $DT\geqslant2$;　$N\geqslant1$ |
| 内　墙 | $B\geqslant1$;　* $ST\geqslant1$ | * $DT\geqslant2$;　$N\geqslant1$ |
| 外　墙 | $B\geqslant1$;　* $T\geqslant2$;　* $ST\geqslant1$ | * $DT\geqslant2$;　$N\geqslant1$ |
| 梁 | $B\geqslant1$;　$T\geqslant2$;　* $ST\geqslant1$ | * $DT\geqslant2$;　$N\geqslant1$ |
| 板 | $B\geqslant1$;　$T\geqslant2$; | * $DT\geqslant2$;　$N\geqslant1$ |
| 柱 | $B\geqslant1$;　* $ST\geqslant1$ | * $DT\geqslant2$;　$N\geqslant1$ |

注：表中打 * 的为必要时留置试件，由技术负责人确定。

表中　*B*——标准养护 28d 强度试件。

*T*——同条件养护试件，供结构构件拆模、出池、吊装及施工期间临时负荷时确定混凝土强度用，一般龄期为 1d ~ 1 个月左右。

*ST*——结构实体检验用同条件养护试件，属同条件养护试件按技术负责人制定的《结构实体检验用同条件养护试件留置计划表》留置。

*DT*——抗冻临界强度试件，属同条件养护试件，龄期较短，一般为 1 ~ 5d。同一强度等级、同一覆盖方式、同一类型构件、同一大气温度段，一般可留置一批抗冻临界强度试块。

$N$——冬施同条件养护28d再转标准养护28d试件。

2. 部分试件留置规定

(1) 结构实体检验用同条件养护试件的留置规定

1) 留置ST试件的结构部位为涉及混凝土结构安全的重要部位，这些构件和部位应由监理（建设）、施工等方共同选定。一般仅限于涉及混凝土结构安全的柱、墙、梁等结构构件。通常选择同类构件中跨度较大，负荷较大的构件。需要强调的是，底板和顶板混凝土一般不考虑，因为在施工中养护条件（温度和湿度）容易保证。

2) ST试件属见证试验项目。

3) ST试件在浇筑地点制作，并做到完全与结构实体同条件养护，即要求放置在相应结构构件或结构部位的适当位置，要求试压前的养护条件始终与结构一致。

4) 重要部位的每一强度等级的混凝土，均应留置ST试件。

5) 同一强度等级的ST试件，其留置数量依据混凝土量和结构重要性确定，但不宜少于10组，且最少不应少于3组。

(2) 掺粉煤灰混凝土试件留置规定

依据《粉煤灰混凝土应用技术规范》(GBJ146)，掺粉煤灰混凝土抗压强度试件按下面规定留置：

1) 非大体积粉煤灰混凝土，每拌制100m³，至少成型一组试块；大体积粉煤灰混凝土每拌制500m³，至少成型一组试块；不足上列规定数量时，每班至少成型一组试块。

2) 粉煤灰混凝土设计强度等级的龄期：

① 地上工程宜为28d；

② 地面工程宜为28d或60d；

③ 地下工程宜为60d或90d；

④ 大体积混凝土工程宜为90d或180d。

鉴于上述规定，在使用掺粉煤灰混凝土的工程中，如按28d留置的标养试块强度低于设计强度等级，可以将备用试块龄期按第2）条规定适当延长，寄希望于通过增加养护龄期后，混凝土强度有所提高，但需经设计单位同意并办理洽商。

(3) 预拌混凝土试件留置规定

按《预拌混凝土》(GB/T14902) 标准规定，出厂检验试样每100盘相同配合比的混凝土，取样不得少于1次，每一个工作班拌制的相同配合比的混凝土不足100盘时，取样不得少于一次。

用于交货检验（现场检验）的试样按本节普通混凝土留置抗压强度试件留置组批原则执行。

(4) 北京市结构长城杯工程的同条件试块留置的强制规定

底模拆除强度（$\geqslant A\% \times C_{设}$）试块，不少于2组。$C_{设}$ 为混凝土设计强度等级，A值按表2-58取值。

3. 试验取样

用于检查结构构件混凝土质量的试件，应在混凝土浇筑地点随机取样制作；每组试件所用的拌和物，应从同一盘搅拌或同一车运送的混凝土中取出，对于预拌混凝土还应在卸料过程中，卸料量在1/4至3/4之间采取，每次混凝土拌合物的取样数量应满足混凝土质量检验所有项目总量的1.5倍，且不少于0.02m$^3$（20L）。

底模拆除强度规定 表2-58

| 构件类型 | 板 | | | 梁 拱 壳 | | 悬臂构件 |
|---|---|---|---|---|---|---|
| 构件跨度 $L$（m） | ≤2 | 2 < $L$≤8 | > 8 | ≤8 | > 8 | — |
| A（%） | ≥50 | ≥75 | ≥100 | ≥75 | ≥100 | ≥100 |

4. 检验

（1）拌合物性能检验

1）检验规定

① 稠度

预拌混凝土进场后，常温季节仅检测坍落度或扩展度。检测应在浇筑地点进行，取样频率应与混凝土强度检验的取样频率一致，试验结果应符合表2-59规定。

试验结果若不符合要求，则应立即用试样余下部分或重新取样进行第二次检测。若第二次试验结果符合表2-59的规定，仍判为合格。

坍落度或扩展度允许偏差 表2-59

| 合同规定的坍落度或扩展度（mm） | 允许偏差（mm） |
|---|---|
| ≤40 | ±10 |
| 50~90 | ±20 |
| ≥100 | ±30 |

② 温度

冬季施工阶段还应检测混凝土拌合物的出罐温度，严寒地区不得低于15℃；寒冷地区不得低于10℃。

2）检验方法

稠度测试方法

① 混凝土坍落度与坍落扩展度法

a. 坍塌度筒的要求：

（a）坍塌度筒的材料要求：

当采用整体铸造坍落度筒时，宜选用符合GB 9439中的HT 200铸铁制造，加工后最小壁厚不应小于4mm的坍落度筒。

当采用钢板卷制坍落度筒时，应选用符合GB 700的钢板制造，其筒壁厚度不应小于3mm的坍落度筒。

（b）坍落度筒的制造要求：

坍落度筒是由铸铁或钢板制成的圆台筒，在其高度三分之二处设两个把手，下端有脚踏板。当采用固定装置时，在其松开时不应使坍落度筒发生移动。

（c）钢板卷制的坍落度筒的尺寸：

顶部内径：100mm±1mm

底部内径：200mm±1mm

高　　度：300mm±1mm

（d）坍落度筒的质量要求：

a）坍落度筒内壁应光滑、平整、无凹凸，其表面粗糙度 $R_a$ 不应低于25μm。当采用铸铁铸造时，铸件应无砂眼、气孔和裂纹；

b）坍落度筒顶面和底面的平面度误差，不应大于0.1mm；

c）坍落度筒的顶面对底面的平行度误差不应大于1mm；

d）坍落度筒的顶面和底面应与锥体轴线同轴，其同轴度误差不应大于2mm；

e）底板采用铸铁或钢板制成。宽度不应小于500mm，其表面应光滑、平整，并具有足够的刚度；

f）底板上表面的平面度误差，不应大于0.1mm；

g）测量标尺的表面应光滑，刻度范围为0~250mm，分度为1mm，刻度误差不应大于0.1mm。其零点应保证使平尺底面与底板表面之间的距离为300±0.5mm；

h）测量标尺对底板的垂直度误差不应大于0.2mm。

i）平尺在测量标尺上应滑动灵活，并有定位装置。平尺底面与底板上表面的平行度误差，不应大于0.5mm；

j）捣棒用圆钢制成，表面应光滑，其直径为16±0.1mm、长度为600±5mm，且端部呈半球形。

b. 坍落度与坍落扩展度试验应按下列步骤进行：

（a）湿润坍落度筒及底板，在坍落度筒内壁和底板上应无明水。底板应放置在坚实水平面上，并把筒放在底板中心，然后用脚踩住二边的脚踏板。坍落度筒在装料时应保持固定的位置。

（b）把按要求取得的混凝土试样用小铲分三层均匀地装入筒内，使捣实后每层高度为筒高的三分之一左右。每层用捣棒插捣25次。插捣应沿螺旋方向由外向中心进行，各次插捣应在截面上均匀分布。插捣筒边混凝土时，捣棒可以稍稍倾斜。插捣底层时，捣棒应贯穿整个深度。插捣第二层和顶层时，捣棒应插透本层至下一层的表面。浇灌顶层时，混凝土应灌到高出筒口。插捣过程中，如混凝土沉落到低于筒口，则应随时添加。顶层插捣完毕后，刮去多余的混凝土，并用抹刀抹平。

（c）清除筒边底板上的混凝土后，垂直平稳地提起坍落度筒。坍落度筒的提离过程应在5~10s内完成；从开始装料到提坍落度筒的整个过程应不间断地进行，并应在150s内完成。

（d）提起坍落度筒后，测量筒高与坍落后混凝土试体最高点之间的高度差，即为该混凝土拌合物的坍落度值；坍落度筒提离后，如混凝土发生崩坍或一边剪坏现象，则应重新取样另行测定；如第二次试验仍出现上述现象，则表示该混凝土和易性不好，应予记录备查。

（e）观察坍落后的混凝土试体的黏聚性及保水性。黏聚性的检查方法是用捣棒在已坍落的混凝土锥体侧面轻轻敲打，此时如果锥体逐渐下沉，则表示黏聚性良好，如果锥体倒塌、部分崩裂或出现离析现象，则表示黏聚性不好。保水性以混凝土拌合物稀浆析出的程度来评定，坍落度筒提起后如有较多的稀浆从底部析出，锥体部分的混凝土也因失浆而骨料外露，则表明此混凝土拌合物的保水性能不好；如坍落度筒提起后无稀浆或仅有少量稀浆自底部析出，则表示此混凝土拌合物保水性良好。

（f）当混凝土拌合物的坍落度大于220mm时，用钢尺测量混凝土扩展后最终的最大直径和最小直径，在这两个直径之差小于50mm的条件下，用其算术平均值作为坍落扩展度值；否则，此次试验无效。如发现粗骨料在中央集堆或边缘有水泥浆析出，表示此混凝土拌合物抗离析性不好，应予记录。

混凝土拌合物坍落度和坍落扩展度值以毫米为单位，测量精确至1mm，结果表达约至5mm。

c. 混凝土拌合物根据其坍落度的大小，可分为4级，见表2-60。

**混凝土按坍落度的分级　　表2-60**

| 级别 | 名称 | 坍落度（mm） | 级别 | 名称 | 坍落度（mm） |
|---|---|---|---|---|---|
| $T_1$ | 低塑性混凝土 | 10~40 | $T_3$ | 流动性混凝土 | 100~150 |
| $T_2$ | 塑性混凝土 | 50~90 | $T_4$ | 大流动性混凝土 | ≥160 |

注：坍落度检测结果，在分级评定时，其表达取舍至临界的10mm。

② 维勃稠度

a. 测试方法（略）。

b. 混凝土拌合物根据其维勃稠度大小，可分为4级，见表2-61。

**混凝土按维勃稠度的分级　　表2-61**

| 级别 | 名称 | 维勃稠度（S） | 级别 | 名称 | 维勃稠度（S） |
|---|---|---|---|---|---|
| $V_0$ | 超干硬性混凝土 | ≥31 | $V_2$ | 干硬性混凝土 | 20~11 |
| $V_1$ | 特干硬性混凝土 | 30~21 | $V_3$ | 半干硬性混凝土 | 10~5 |

c. 允许偏差，见表2-62。

**维勃稠度允许偏差　　表2-62**

| 维勃稠度（s） | 允许偏差（s） |
|---|---|
| ≤10 | ±3 |
| 11~20 | ±4 |
| 21~30 | ±6 |

(2) 拌合物强度检验（试件成型及养护）

1) 试件成型

①混凝土试件尺寸的确定

混凝土标准试件是指边长为150mm的立方体试件，非标准试件是指边长为100mm和200mm的立方体试件。制作混凝土试件时应根据骨料（石子、陶粒）最大粒径确定混凝土试件最小尺寸，亦即所采用混凝土试模的最小尺寸。为降低劳动强度，节约资源，在不违反规定的前提下，宜采用尺寸较小的试模成型混凝土试件。

试件尺寸依据表2-63确定。

**允许的试件最小尺寸和强度尺寸换算系数　　表2-63**

| 骨料最大粒径（mm） | 试件尺寸（mm） | 强度尺寸换算系数 |
|---|---|---|
| 31.5 | 100×100×100 | 0.95 |
| 40 | 150×150×150 | 1.00 |
| 63 | 200×200×200 | 1.05 |

注：当混凝土强度等级≥C60时，宜采用标准试件；使用非标准试件时，尺寸换算系数经试验确定。

②成型方法

a. 仪器设备要求

(a) 试件亦即试模尺寸公差

试件的承压面平面度公差不得超过0.0005$d$（$d$为边长）；

试件的相邻面的夹角应为90°，其公差不得超过0.5°；

试件各边长和高的尺寸公差不得超过1mm。

(b) 振动台：振动频率应为（50±3）Hz，空载时振动台面中心点的垂直振幅应为0.5±0.02mm，台面振幅的均匀度不应大于±15%，振动台的侧向水平振幅不应大于0.1mm。

b. 混凝土试件的制作

成型前，应检查试模尺寸是否符合试模尺寸公差要求；试模内表面应涂一薄层矿物油或其他不与混凝土发生反应的脱模剂。取样后的混凝土应在拌制后尽可能短的时间内成型，一般不宜超过15min。根据混凝土拌合物的稠度确定混凝土成型方法，坍落度不大于70mm的混凝土宜用振动台振实；大于70mm的宜用捣棒人工捣实；检验现浇混凝土和预制构件的混凝土，试件成型方法宜与实际采用方法相同。混凝土装模前，至少用铁锨再来回拌和三次，对于坍落度大于100mm的混凝土，宜在两人不断拌和的过程中装模，防止因拌和不均而导致所制作的混凝土试块的质量存在显著差异，最终同组的三个试块的强度误差偏大，严重时将导致试验结果无效。

c. 振动台成型方法

应将混凝土拌合物一次装入试模，装料时应用抹刀沿试模内壁略加插捣，并使混凝土拌合物高出试模上口。振动时应防止试模在振动台上自由跳动，振动应持续到混凝土表面出浆为止（一般为5秒~15秒），不得过振。刮除多余的混凝土，待混凝土临近初凝时（用力按混凝土表留有手指印），用抹刀抹平。

d. 人工插捣方法

混凝土拌合物应分两层装入试模，每层的装料厚度大致相等。插捣用钢制捣棒（一般为光圆钢筋，长为600mm，直径为16mm，端部应磨圆）。插捣应按螺旋方向从边缘向中心均匀进行，插捣底层时，捣棒应达到试模底面；插捣上层时，捣棒应贯穿上层后穿入下层20~30mm，插捣时捣棒应保持垂直，不得倾斜。然后，还应用抹刀沿试模内壁插入数次。每层的插捣次数应根据试件的截面而定，一般每10000mm$^2$面积不应少于12次。捣棒插捣后，应用橡皮锤轻轻敲击试模四周，直至捣棒留下的空洞消失为止。刮除多余的混凝土，待混凝土临近初凝时，用抹刀抹平。

不同尺寸的混凝土试件，在进行人工插捣时，每一层的最少插捣次数应符合表2-64中的要求。

e. 插入式振捣棒振实方法

将混凝土拌合物一次装入试模，装料时应用抹刀沿各试模壁插捣，并使混凝土拌合物高出试模口。宜用直径为25mm的插入式振捣棒，插入试模内振捣时，振捣棒距试模底板10~20mm，且不得触及试模底板，振动应持续到表面出浆为止，且应避免过振，以防止混凝土离析；一般振捣时间为20s。振捣棒拔出时要缓慢，拔出后不得留有孔洞。刮除多余的混凝土，待混凝土临近初凝时，用抹刀抹平。

**试件插捣次数规定　　表2-64**

| 试件尺寸（mm） | 每层插捣次数（次） |
|---|---|
| 100×100×100 | ≥12 |
| 150×150×150 | ≥27 |
| 200×200×200 | ≥48 |

2) 试件养护

根据试验目的不同，试件可采用标准养护或与构件同条件养护两种方式：

确定混凝土特征值、等级或进行材料性能研究时应采用标准养护；

检验现浇混凝土工程或预制构件中混凝土，在一定环境条件（自然环境、蒸汽养护等）下，养护至某一龄期强度或确定是否达到某一临界强度时，试件应采用同条件养护（含结构实体检验用同条件养护试件）。

①标准养护

a. 试件成型后应立即用不透水的薄膜覆盖表面。

b. 采用标准养护的试件，应在温度为20±5℃的环境中静置一昼夜至二昼夜，先编号、后拆模。拆模后应立即放入温度为20±2℃，相对湿度为95%以上的标准养护室（箱）中养护，或在温度为20±2℃的不流动的$Ca(OH)_2$饱和溶液中养护。标准养护室（箱）内的试件应放在支架上，彼此间隔10~20mm，试件表面应保持潮湿，并不得被水直接冲淋。

c. 标准养护试件一般养护到28d龄期（由成型时算起，满24h计1d）进行试验。

②同条件养护

a. 同条件养护试件成型后，覆盖状态应完全与结构构件相同，拆模时间亦与实际构件的拆模时间相同，拆模后，试件仍需继续保持同条件养护。

b. 同条件试件按要求（如需确定拆模、起吊、施加预应力或承受施工荷载等时的混凝土强度）同条件养护到一定成熟度（养护累计的温度积）后进行试验。

③结构实体检验用同条件试件的养护

a. 试件成型后养护方式必须完全与相应混凝土构件一致，即放置在靠近相应结构构件或结构部位适当位置，并采用相同养护方法（指覆盖、喷涂养护剂、浇水等）养护。

b. 结构实体检验用同条件试件养护龄期的确定：

（a）ST试件应在达到有效养护龄期时进行强度试验。

（b）ST试件的等效养护龄期按日平均气温逐日累计达600℃·d时所对应龄期计，但日平均温度为0℃及0℃以下的龄期不计入。一般成型当日温度积不计，如计，则按实际养护时间折算成一天的温度积。试块试压时，一般温度积≥600℃，但不应超过最近一天的温度积。

（c）等效养护龄期不应小于14d，也不宜大于60d。

（d）日平均气温测定和计算方法有两种（气象部门提供）：

a）测试早8：00、晚8：00及中午2：00、午夜2：00的气温，这4个时刻气温平均值即为日平均气温。

b）测试每天24个整点时刻的温度，取其平均值即为日平均气温。

一般人工测温时，采用方法a)，用自动测温记录仪时用方法b)，分别作测温记录。

（e）工地可根据实测温度自行计算确定等效养护龄期,也可通过专门的计算软件计算确定。

（f）冬施阶段，等效养护龄期依据构件的实际养护条件和当地实践经验，由监理（建设）、施工等方面共同确定。一般亦按第（b）条确定，北方地区大部分等效养护龄期将超过60d。

④与工程同条件养护28d再转标准养护28d试件养护

混凝土试件成型后,与结构同条件养护28d再转入标准养护室养护28d,试件总龄期为56d。

注意事项：工地现场制作的标养或同条件试块，常温季节不得置于阳光下暴晒，以防混凝土早期脱水，影响后期强度；冬施期间不得置于室外暴露受冻，否则混凝土会遭受冻害，严重影响混凝土强度。

## 五、试验结果判定

1. 混凝土试块强度计算

（1）混凝土立方体抗压强度应按下式计算：

$$f_{cc} = F/A$$

式中 $f_{cc}$——混凝土立方体试件抗压强度（MPa）；

$F$——试件破坏载荷（N）；

$A$——试件承压面积（$mm^2$）。

混凝土立方体抗压强度计算应精确至 0.1MPa。

（2）强度值的确定应符合下列规定：

1）三个试件测值单个算术平均值作为该组试件的抗压强度（精确至 0.1MPa）；

2）三个测值中的最大值或最小值中如有一个与中间值的差值超过中间值的 15%时，则把最大及最小值一并舍除，取中间值作为该组试件的抗压强度值；

3）如最大值和最小值与中间值的差均超过中间值的 15%时，则该组试件的试验结果无效。

（3）混凝土强度等级小于 C60 时，用非标准试件测得的强度值均应乘以尺寸换算系数，其值为对 200mm × 200mm × 200mm 试件为 1.05；对 100mm × 100mm × 100mm 试件为 0.95。当混凝土强度等级 ≥ C60 时，宜采用标准试件；使用非标准试件时，尺寸换算系数应由试验确定。

2. 混凝土试块签订验收时的质量评定

（1）强度评定

1）预拌混凝土厂、预制混凝土构件厂和采用现场集中搅拌混凝土的施工单位，因同一品种的混凝土生产，有可能在较长的时期内，通过质量管理，维持基本相同的生产条件。即维持原材料、设备、工艺以及人员配备的稳定性。即使有所变化，也能很快地予以调整而恢复正常。由于这类生产状况，能使每批混凝土强度的变异性基本稳定，因此每批混凝土的强度标准差 $\sigma_0$可按常数考虑，而且其数值可以根据前一时期生产累计的强度数据加以确定，亦即可采用表 2-65 中的统计方法（一）———方差已知的统计方法进行检验评定。

2）如生产连续性较差，即在生产中无法维持基本相同的生产条件，或生产期较短，无法积累强度数据以资计算可靠的标准差参数，此时检验评定只能直接根据每一验收批抽样的强度数据确定，亦即采用表 2-65 中统计方法（二）———方差未知统计法。一般施工现场，当同一验收批组数不少于 10 组时，常用这种统计方法。

3）对零星生产的预制构件的混凝土或现场搅拌批量不大的混凝土，同一验收批的组数小于 10 组时，可按表 2-65 中的非统计方法进行检验评定。

值得注意的是：如果标准养护试件的单组强度值在强度标准值的 0.85 ~ 0.95 范围内，则无论采用哪种强度评定方法，都有可能评定为不合格；若低于 0.85，强度评定一定不合格；若一个验收批的混凝土试件仅有一组试件时，其强度小于强度标准值的 1.15，则强度评定亦不合格。

混凝土强度合格评定方法

表 2-65

<table>
<tr><th>合格评定方法</th><th>合格评定条件</th><th>备　注</th></tr>
<tr><td>统计方法（一）</td><td>1. $mf_{cu} \geqslant f_{cu,k} + 0.7\sigma_0$<br>2. $f_{cu,min} \geqslant f_{cu,k} - 0.7\sigma_0$ 且当强度等级≤C20 时，$f_{cu,min} \geqslant 0.85 f_{cu,k}$，当强度等级＞C20 时，<br>$f_{cu,min} \geqslant 0.90 f_{cu,k}$<br>式中　$mf_{cu}$——同批三组试件抗压强度平均值（$N/mm^2$）；<br>$f_{cu,min}$——同批三组试件抗压强度中的最小值（$N/mm^2$）；<br>$f_{cu,k}$——混凝土立方体抗压强度标准值；<br>$\sigma_0$——验收批的混凝土强度标准差，可依据前一个检验期的同类混凝土试件强度数据确定</td><td>验收批混凝土强度标准差按下式确定：<br>$\sigma_0 = 0.59/m \sum_{i=1}^{m} \Delta f_{cu,i}$<br>式中　$\Delta f_{cu,i}$——以三组试件为一批，第 $i$ 批混凝土强度的极差；<br>$m$——用以确定该验收批混凝土强度标准差 $\sigma_0$ 的数据总批数；<br>［注］：在确定混凝土强度批标准差（$\sigma_0$）时，其检验期限不应超过三个月且在该期间内验收批总数不应少于 15 批</td></tr>
<tr><td>统计方法（二）</td><td>1. $mf_{cu} - \lambda_1 Sf_{cu} \geqslant 0.9 f_{cu,k}$<br>2. $f_{cu,min} \geqslant \lambda_2 f_{cu,k}$<br>式中　$mf_{cu}$——$n$ 组混凝土试件强度的平均值（$N/mm^2$）；<br>$f_{cu,min}$——$n$ 组混凝土试件强度的最小值（$N/mm^2$）；<br>$\lambda_1$、$\lambda_2$——合格判定系数，按右表取用；<br>$Sf_{cu}$——$n$ 组混凝土试件强度标准差（$N/mm^2$）；当计算值 $Sf_{cu}$ 小于 $0.06 f_{cu,k}$ 时，取 $Sf_{cu}$ 等于 $0.06 f_{cu,k}$</td><td>一个验收批混凝土试件组数 $n \geqslant 10$ 组，$n$ 组混凝土试件强度标准差（$Sf_{cu}$）按下式计算<br>$Sf_{cu} = \sqrt{\frac{\sum_{i=1}^{n} f_{cu,i}^2 - nm^2 f_{cu}}{n-1}}$<br>式中　$f_{cu,i}$——第 $i$ 组混凝土试件强度。<br>混凝土强度的合格判定系数<table><tr><th>试件组数</th><th>10～14</th><th>15～24</th><th>≥25</th></tr><tr><td>$\lambda_1$</td><td>1.70</td><td>1.65</td><td>1.60</td></tr><tr><td>$\lambda_2$</td><td>0.90</td><td colspan="2">0.85</td></tr></table></td></tr>
<tr><td>非统计方法</td><td>1. $mf_{cu} \geqslant 1.15 f_{cu,k}$<br>2. $f_{cu,min} \geqslant 0.95 f_{cu,k}$</td><td>一个验收批混凝土试件组数 $n = 2 \sim 9$ 组；<br>当一个验收批的混凝土试件仅有一组时，则该组试件强度应不低于强度标准值的 115%</td></tr>
</table>

（2）同条件养护试件

1）检验现浇混凝土外墙挂装三角架支撑上层外模荷载时的混凝土强度，应大于等于 $7.5N/mm^2$。

2）底模拆除强度应大于等于 A%×C设，A 取值与梁或板的跨度有关，详见表 2-58。

3）常温施工时墙体拆模混凝土应达到的强度、安装梁模时柱混凝土应达到的强度、爬模施工时穿墙螺栓受力处混凝土应达到的强度均为 1.0MPa。

4）混凝土可以踩踏或安装模板及支架应达到强度为 1.2MPa。

5）常温施工时，柱混凝土拆摸应达到强度为 1.5MPa。

6）承受楼板荷载时，墙体混凝土应达到强度为 4.0MPa。

7）安装梁模时，柱混凝土应达到的强度和爬模施工时穿墙螺栓受力处混凝土应达到的强度为 10.0MPa。

（3）抗冻临界强度试件

1）冬期施工来临前浇筑的掺防冻剂的普通混凝土。其受冻临界强度符合下列规定：

①采用硅酸盐水泥或普通硅酸盐水泥配制时，应为设计的混凝土强度标准值的 30%；

②采用矿渣硅酸盐水泥配制的混凝土，应为设计的混凝土强度标准值的 40%；

③但混凝土强度等级≤C10 时，不得小于 $5.0N/mm^2$；

④当施工需要提高混凝土强度等级时，应按提高后的强度等级确定。

2）掺抗冻剂混凝土的抗冻临界强度，依所掺抗冻剂的规定温度和大气最低气温划分为三档，见表2-66。

**抗冻临界强度规定值** **表2-66**

| 最低气温（℃） | 受冻临界强度（MPa） | 最低气温（℃） | 受冻临界强度（MPa） |
|---|---|---|---|
| ≥-10 | 3.5 | ≥-20 | 5.0 |
| ≥-15 | 4.0 | | |

（4）与工程同条件养护28d再转标准养护28d试件

与工程同条件养护28d再转标准养护28d试件的强度一般大于等于强度标准值即可。

（5）结构实体检验用同条件养护试件

同条件养护试件的强度代表值应根据强度试验结果按现行国家标准《混凝土强度检验评定标准》（GBJ107）的规定确定，亦即试验所得的数据折合150mm立方体抗压强度，乘折算系数；折算系数宜取为1.10，也可根据当地的试验统计结果作适当调整。

结构实体检验用同条件养护试件，按不同的强度等级单独组批，依据《混凝土强度检验评定标准》（GBJ107）的有关规定按表2-65中统计方法（二）或非统计方法进行评定。

3. 不合格试件处理

针对不同的养护方式，试块结果不合格按表2-67处理，如仍不合格通过设计单位确定解决办法。

**试验结果不合格及处理方法** **表2-67**

<table>
<tr><th colspan="2">试块养护方式及试验结果</th><th>处理方法</th></tr>
<tr><td colspan="2">未掺粉煤灰的标准养护试件或结构实体检验用同条件养护试件</td><td>1. 检验批中发现试块强度不能满足要求，难以确定能否通过验收时，应请具有资质的法定单位检测。当鉴定结果能达到设计要求时，该检验批仍应认为可通过验收。<br>2. 经检测鉴定达不到设计要求时，但经原设计单位核算，仍能满足结构安全和使用功能的要求，由设计单位定论该验收批可以予以验收。<br>3. 当混凝土强度严重不合格，可能影响结构的安全性和使用功能，经法定检测单位检测鉴定后认为达不到规范标准的相应要求，即不能满足最低限度的安全储备和使用功能，则必须按拟定的技术方案进行加固处理</td></tr>
<tr><td rowspan="4">掺粉煤灰的标准养护试件</td><td>大体积混凝土，其28d抗压强度结果不合格</td><td>1. 如有备用试块，在征得设计单位同意后，可将其标准养护龄期延长至90d或180d，以此取代28d抗压强度结果。<br>2. 如无备用试块，通过对结构加强养护，并适当延长结构混凝土养护时间，由法定单位进行检测</td></tr>
<tr><td>地下混凝土，其28d抗压强度结果不合格</td><td>1. 如有备用试块，在征得设计单位同意后，可将其标准养护龄期延长至60d或90d，以此取代28d抗压强度结果。<br>2. 如无备用试块，通过对结构加强养护，并适当延长结构混凝土养护时间，由法定单位进行检测</td></tr>
<tr><td>地面混凝土，其28d抗压强度结果不合格</td><td>1. 如有备用试块，在征得设计单位同意后，可将其标准养护龄期延长至60d，以此取代28d抗压强度结果。<br>2. 如无备用试块，适当延长结构混凝土养护时间，由法定单位进行检测</td></tr>
<tr><td>地上工程掺粉煤灰的混凝土或未掺粉煤灰的混凝土，其28d抗压强度结果不合格</td><td>如无备用试块，通过对结构加强养护，并适当延长结构混凝土养护时间，由法定单位进行检测</td></tr>
</table>

续表

| 试块养护方式及试验结果 | | 处理方法 |
|---|---|---|
| 同条件养护试件 | 如有备用试块，适当延长养护龄期或对结构构件实施更为有效的养护方式后再次试压，直至满足要求 | 如无备用试块，或最后一组备用试块试压后仍不满足要求，则由检测单位检测或通过设计单位进行验算 |
| 抗冻临界强度试件 | | 1. 如有备用试块，适当延长养护龄期或对结构构件实施更为有效的养护方式后再次试压，直至满足要求。<br>2. 如无备用试块，或最后一组备用试块试压后仍不满足要求，则由检测单位进行检测。<br>3. 如混凝土早期遭受冻害，则由设计单位拿出解决方案 |
| 与结构同条件养护28d再转标准养护28d强度试件 | | 1. 通过对结构加强养护，并适当延长结构混凝土养护时间，由法定检测单位进行检测。<br>2. 由设计单位进行验算 |

# 第十节 抗渗混凝土

## 一、相关技术标准、规程、规范

1.《混凝土结构工程施工质量验收规范》GB 50204—2002；
2.《预拌混凝土》GB/T 14902—2003；
3.《混凝土拌合用水标准》JGJ 63—89；
4.《混凝土强度检验评定标准》GBJ 107—87；
5.《普通混凝土拌和物性能试验方法标准》GB/T 50080—2002；
6.《普通混凝土力学性能试验方法标准》GB/T 50081—2002；
7.《普通混凝土长期性能和耐久性能试验方法》GBJ 82—85；
8.《普通混凝土配合比设计规程》JGJ 55—2000；
9.《混凝土试验用震动台》JG/T 3020—94；
10.《混凝土试模》JG 3019—94；
11.《混凝土坍落度仪》JG 3021—94；
12.《混凝土外加剂应用技术规范》GB 50119—2003；
13.《混凝土质量控制标准》GB 50164—92；
14.《粉煤灰混凝土应用技术规范》GBJ 146—90；
15.《地下防水工程质量验收规范》GB 50208—2002。

## 二、基本概念

1. 混凝土的耐久性

混凝土耐久性是指混凝土在实际使用条件下抵抗各种破坏因素作用，长期保持强度和外观完整性的能力。主要包括抗冻性、抗渗性、抗蚀性、抗碳化性能、碱—骨料反应及抗风化性能等。

2. 抗渗混凝土的定义

抗渗等级等于或大于P6级的混凝土，简称抗渗混凝土。

3. 抗渗混凝土的分类

(1) 抗渗混凝土抗渗等级的划分

抗渗混凝土的抗渗要求用字母 P 及抗渗等级值表示，通常表示为 P*n*（*n* 为大于等于 6 的偶数），而抗渗等级通常直接标记在强度等级之后，如 C30P*n*（C30 为强度等级）。

常见抗渗混凝土的抗渗等级有 P6、P8、P10、P12、P14 和 P16 六个等级。

(2) 抗渗混凝土的分类

抗渗混凝土包括普通抗渗混凝土、外加剂或掺合料抗渗混凝土和膨胀水泥抗渗混凝土三大类。

1) 普通抗渗混凝土

普通抗渗混凝土是以调整配合比的方法，提高混凝土自身的密实性和抗渗性。

2) 外加剂抗渗混凝土

外加剂抗渗混凝土是在混凝土拌合物中加入少量改善混凝土抗渗性的有机或无机物，如减水剂、防水剂、引气剂等外加剂，以提高混凝土的密实性和抗渗性。

3) 掺合料抗渗混凝土

掺合料抗渗混凝土是在混凝土拌合物中加入少量硅粉、磨细矿渣粉、粉煤灰等无机粉料，以增加混凝土的密实性和抗渗性。抗渗混凝土中的外加剂和掺合料均可单掺，也可以复合掺用。

4) 膨胀水泥抗渗混凝土

膨胀水泥抗渗混凝土是利用膨胀水泥在水化硬化过程中形成的大量体积增大的结晶(如钙矾石)，主要改善混凝土的孔结构，提高混凝土的抗渗性能。同时，膨胀后产生的自应力使混凝土处于受压状态，提高混凝土的抗裂能力。

4. 技术要求

(1) 抗渗混凝土对原材料的技术要求。

1) 水泥品种应按设计要求选用，其强度等级不应低于 32.5 级，不得使用过期或受潮结块水泥；

2) 碎石或卵石的粒径宜为 5～40mm，抗渗混凝土如系预拌混凝土，石子最大粒径可以为 31.5mm 或 25mm 含泥量不得大于 1.0%，泥块含量不得大于 0.5%；

3) 砂宜用中砂，含泥量不得大于 3.0%，泥块含量不得大于 1.0%；

4) 拌制混凝土所用的水，应采用不含有害物质的洁净水；

5) 外加剂的技术性能，应符合国家或行业标准一等品及以上的质量要求；

① 连续浇筑抗渗混凝土时，应掺入膨胀剂。

② 环境温度较高时，应根据同一部位浇筑时间差选择缓凝剂，以保证同一部位新旧混凝土在初凝时间内能有机的结合。

6) 粉煤灰的级别不应低于Ⅱ级，掺量不宜大于 20%；硅粉掺量不应大于 3%，其他掺合料的掺量应通过试验确定。

(2) 抗渗混凝土配合比应符合下列规定

1) 试配要求的抗渗水压值应比设计值提高 0.2MPa；

2) 水泥用量不得少于 300kg/m$^3$；掺有活性掺合料时，水泥用量不得少于 280kg/m$^3$；

3) 砂率宜为 35%～45%，灰砂比宜为 1∶2～1∶2.5；

4) 水灰比不得大于 0.55；

5）普通抗渗混凝土坍落度不宜大于50mm，泵送时入泵坍落度宜为100～140mm；

6）掺用引气剂的抗渗混凝土，其含气量宜控制在3%～5%；

7）进行抗渗混凝土配合比设计时，尚应增加抗渗性能试验；并应符合下列规定：

① 试配时，宜采用水灰比最大的配合比作抗渗试验，其试验结果应符合下式要求：

$$P_t \geqslant \frac{P}{10} + 0.2$$

式中　$P_t$——6个试件中4个未出现渗水时的最大水压值（MPa）；

$P$——设计要求的抗渗等级值。

② 掺引气剂的混凝土还应进行含气量试验，含气量宜在3%～5%范围内。

**三、必试项目**

1. 稠度；

2. 抗压强度；

3. 抗渗性能。

**四、组批原则、取样数量、试验取样、制作和养护方法**

1. 组批原则及取样数量

（1）抗渗混凝土拌合物稠度测定的组批原则与第九节四、1、（1）相同。

（2）抗渗混凝土抗压强度试件留置的组批原则与第九节四、1、（2）相同。

（3）抗渗混凝土抗渗试件留置的组批原则

按《地下防水工程质量验收规范》（GBT 50208）要求，连续浇筑每500m$^3$留置一组抗渗试件，且每项工程不得少于两组，采取预拌混凝土的抗渗试件，留置组数应视结构的规模和要求而定。

此外，按《混凝土外加剂应用技术规范》（GB 50119）要求，冬期施工期间掺防冻剂抗渗混凝土不再留置标准养护28d抗渗试件，应留置与工程同条件养护28d再转标准养护28d抗渗试件。

2. 试验取样

抗渗混凝土拌合物取样同普通混凝土。

3. 抗渗混凝土试件制作

（1）抗渗混凝土抗压强度试件的制作同普通混凝土。

（2）抗渗混凝土抗渗试件的制作

抗渗性能试验应采用顶面直径为175mm、底面直径为185mm、高度为150mm的柱台或直径高度均为150mm的圆柱体试件。抗渗试件以6个为一组。

对于常温季节施工的抗渗混凝土，其抗渗试件应以标准条件下养护的抗渗试件的试验结果评定。试件成型后24h拆模，用钢丝刷刷去上下两端面水泥浆膜，然后送入标养室养护。

对于冬季施工的抗渗混凝土，其抗渗试件应在同条件养护28d，再转标准养护28d后进行抗渗试验。试件成型后24～72h拆模，拆模后用钢丝刷刷去上下两端面水泥浆膜。

除上述有关抗渗试件的特殊要求外，抗渗试件的成型方法和制作要求与普通混凝土试件相同。

4. 抗渗混凝土试件的养护方法

（1）抗渗混凝土抗压强度试件和抗渗试件的标准养护要求与普通混凝土抗压强度试件相同。

（2）冬季施工留置的与结构同条件养护28d再转标准养护28d抗渗试件的养护方法与冬季施工留置的与结构同条件养护28d再转标准养护28d普通混凝土抗压强度试件的养护方法相同。

**五、试验结果判定**

（1）抗渗混凝土抗压强度试件的试验结果判定与普通混凝土抗压强度试件相同；

（2）抗渗混凝土抗渗试件的抗渗结果按单组进行评定。

1）抗渗混凝土抗渗试件的抗渗等级评定

以每组6个试件中4个试件未出现渗水时的最大水压力计算出的 $P$ 值进行评定。

其计算公式为：

$$P = 10H - 1$$

式中 $P$——抗渗等级；

$H$——6个试件中3个试件渗水时的水压力（MPa）。

2）一般情况下，当水压增加至设计抗渗等级数时，抗渗试件一般不会出现渗水现象，这时通常将水压增加至设计抗渗等级数+0.1MPa，如六个试块仍全未透水，则可评定为“符合 $P_{设}$要求”。

**六、其他**

抗渗混凝土原材料试验及配合比申请要求与普通混凝土相同。

## 第十一节 混凝土外加剂

**一、相关技术标准、规程、规范**

1.《混凝土外加剂的分类、命名与定义》GB/T8075—2005；

2.《混凝土外加剂》GB 8076—1997；

3.《混凝土外加剂匀质性试验方法》GB/T 8077—2000；

4.《混凝土泵送剂》JC 473—2001；

5.《砂浆、混凝土防水剂》JC 474—1999；

6.《混凝土防冻剂》JC 475—2004；

7.《混凝土膨胀剂》JC 476—2001；

8.《喷射混凝土用速凝剂》JC 477—92（96）；

9.《混凝土外加剂应用技术规范》GB 50119—2003；

10.《混凝土外加剂应用技术规程》DBJ01—61—2002；

11.《混凝土外加剂中释放氨的限量》GB 18588—2001；

12.《民用建筑工程室内环境污染控制规范》GB 50325—2001。

## 二、基本概念

1. 定义

混凝土外加剂是一种混凝土搅拌之前过程中加入的、用以改善新拌混凝和硬化混凝土性能的材料。其掺量一般不大于水泥质量的5%（特殊情况除外）。

2. 种类

（1）普通减水剂：在混凝土坍落度基本相同的情况下，能减少拌合用水量的外加剂。

（2）高效减水剂：在混凝土坍落度基本相同的条件下，能大幅度减少拌合用水量的外加剂。

（3）早强剂：加速混凝土早期强度发展的外加剂。

（4）早强减水剂：兼有早强和减水功能的外加剂。

（5）缓凝剂：延长混凝土凝结时间的外加剂。

（6）缓凝减水剂：兼有缓凝和减水功能的外加剂。

（7）缓凝高效减水剂：兼有缓凝和高效减水功能的外加剂。

（8）引气剂：在混凝土搅拌过程中能引入大量均匀分布、稳定而封闭的微小气泡且能保留在硬化混凝土中的外加剂。

（9）引气减水剂：兼有引气和减水功能的外加剂。

（10）防水剂：能提高水泥砂浆、混凝土抗渗性能的外加剂。

（11）阻锈剂：能抑制或减轻混凝土中钢筋和其他金属预埋件锈蚀的外加剂。

（12）加气剂：混凝土制备过程中因发生化学反应，放出气体，使硬化混凝土中有大量均匀分布气孔的外加剂。

（13）膨胀剂：在混凝土硬化过程中因化学作用能使混凝土产生一定体积膨胀的外加剂。

（14）防冻剂：能使混凝土在负温下硬化，并在规定养护条件下达到预期性能的外加剂。

（15）速凝剂：能使混凝土迅速凝结硬化的外加剂。

（16）泵送剂：能改善混凝土拌合物泵送性能的外加剂。

（17）泵送型防冻剂：兼有泵送和防冻功能的外加剂。

（18）泵送型防水剂：兼有泵送和防水功能的外加剂。

（19）促凝剂：能缩短拌合物凝结时间的外加剂。

（20）着色剂：能制备具有彩色混凝土的外加剂。

（21）保水剂：能减少混凝土或砂浆失水的外加剂。

（22）絮凝剂：在水中施工时，能增加混凝土粘稠性，抗水泥和集料分离的外加剂。

（23）增稠剂：能提高混凝土拌合物粘度的外加剂。

（24）减缩剂：减少混凝土收缩的外加剂。

（25）保塑剂：在一定时间内，减少混凝土坍落度损失的外加剂。

3. 其他相关概念

基准混凝土：与掺矿物掺合料混凝土相对应的不掺矿物掺合料或外加剂的对比试验用的水泥混凝土。

**掺外加剂混凝土性能指标** 表 2-68

| 试验项目 | | 外加剂种类 | | | | | | | | | | | | | | | | | |
|---|---|---|---|---|---|---|---|---|---|---|---|---|---|---|---|---|---|---|---|
| | | 普通减水剂 | | 高效减水剂 | | 早强减水剂 | | 缓凝高效减水剂 | | 缓凝减水剂 | | 引气减水剂 | | 早强剂 | | 缓凝剂 | | 引气剂 | |
| | | 一等品 | 合格品 | 一等品 | 合格品 | 一等品 | 合格品 | 一等品 | 合格品 | 一等品 | 合格品 | 一等品 | 合格品 | 一等品 | 合格品 | 一等品 | 合格品 | 一等品 | 合格品 |
| 减水率（%）≥ | | 8 | 5 | 12 | 10 | 8 | 5 | 12 | 10 | 8 | 5 | 10 | 10 | — | — | — | — | 6 | 6 |
| 泌水率比（%）≤ | | 95 | 100 | 90 | 95 | 95 | 100 | 100 | | 100 | | 70 | 80 | 100 | | 100 | 110 | 70 | 80 |
| 含气量（%） | | ≤3.0 | ≤4.0 | ≤3.0 | ≤4.0 | ≤3.0 | ≤4.0 | <4.5 | | <5.5 | | >3.0 | | — | | — | | >3.0 | |
| 凝结时间之差（min） | 初凝 | −90～+120 | | −90～+120 | | −90～+120 | | >+90 | | >+90 | | −90～+120 | | −90～+120 | | >+90 | | −90～+120 | |
| | 终凝 | | | | | | | — | | — | | | | | | — | | | |
| 抗压强度比（%）≥ | 1d | — | — | 140 | 130 | 140 | 130 | — | | — | | — | | 135 | 125 | — | | — | |
| | 3d | 115 | 110 | 130 | 120 | 130 | 120 | 125 | 120 | 100 | | 115 | 110 | 130 | 120 | 100 | 90 | 95 | 80 |
| | 7d | 115 | 110 | 125 | 115 | 115 | 110 | 125 | 115 | 110 | | 110 | | 110 | 105 | 100 | 90 | 95 | 80 |
| | 28d | 110 | 105 | 120 | 110 | 105 | 100 | 120 | 110 | 110 | 105 | 100 | | 110 | 95 | 100 | 90 | 90 | 80 |
| 收缩率比（%）≤ | 28d | 135 | | 135 | | 135 | | 135 | | 135 | | 135 | | 135 | | 135 | | 135 | |
| 相对耐久性指标（%）200次 | | — | | — | | — | | — | | — | | 80 | 60 | — | | — | | 80 | 60 |
| 对钢筋锈蚀作用 | | 应说明对钢筋有无锈蚀危害 | | | | | | | | | | | | | | | | | |

注：1. 除含气量外，表中所列数据为掺外加剂混凝土与基准混凝土的差值或比值。

2. 凝结时间指标，“−”号表示提前，“+”号表示延缓。

3. 相对耐久性指标栏中，“200次≥80和60”表示28d龄期的掺外加剂混凝土试件冻融循环200次后，动弹性模量保留值≥80%或≥60%。

4. 对于可以用高频振捣排除的，由外加剂所引入的气泡的产品，允许用高频振捣，达到某类型性能指标要求的外加剂可按本表进行命名和分类，但须在产品说明书和包装上注明“用高频振捣的××剂”。

4. 分类

混凝土外加剂按其主要功能分为四类：

（1）改善混凝土拌合物流变性能的外加剂。包括减水剂、引气剂和泵送剂等。

（2）调节混凝土凝结时间、硬化性能的外加剂。包括缓凝剂、早强剂和速凝剂等。

（3）改善混凝土耐久性的外加剂。包括引气剂、防水剂和阻锈剂等。

（4）改善混凝土其他性能的外加剂。包括加气剂、膨胀剂、防冻剂、着色剂、防水剂、泵送剂。

5. 性能指标

（1）国家标准中各种外加剂相应的性能指标见表 2-68、表 2-69。

**掺外加剂混凝土性能指标**（JC 475—2004） **表 2-69**

| 试验项目 | | 性能指标 | | | | | |
|---|---|---|---|---|---|---|---|
| | | 一等品 | | | 合格品 | | |
| 减水率（%） | | ≥8 | | | — | | |
| 含气量（%） | | ≥2.5 | | | ≥2.0 | | |
| 泌水率比（%） | | ≤80 | | | ≤100 | | |
| 凝结时间差（min） | 初凝 | -150～+150 | | | -210～+210 | | |
| | 终凝 | | | | | | |
| 抗压强度比（%） | 规定温度（℃） | -5 | -10 | -15 | -5 | -10 | -15 |
| | $R_{28}$ | ≥100 | | ≥95 | ≥95 | | ≥90 |
| | $R_{-7}$ | ≥20 | ≥12 | ≥10 | ≥20 | ≥12 | ≥8 |
| | $R_{-7+28}$ | ≥95 | ≥90 | ≥85 | ≥90 | ≥85 | ≥80 |
| | $R_{-7+56}$ | ≥100 | | | ≥100 | | |
| 28d 收缩率比（%） | | ≥135 | | | | | |
| 渗透高度比（%） | | ≤100 | | | | | |
| 50 次冻融强度损失率比（%） | | ≤100 | | | | | |
| 对钢筋锈蚀作用 | | 应说明对钢筋有无锈蚀作用 | | | | | |

（2）外加剂的技术指标还应符合各地区地方标准的规定，见表 2-70～表 2-76。

**掺外加剂混凝土性能指标** **表 2-70**

| 试验项目 \ 外加剂种类 | | 普通减水剂 | 高效减水剂 | 引气型高效减水剂 | 引气剂 | 引气减水剂 |
|---|---|---|---|---|---|---|
| 减水率（%） | | ≥8 | ≥18 | ≥18 | ≥6 | ≥10 |
| 含气量（%） | | ≤4.0 | ≤4.0 | ≥3.0 | ≥3.0 | ≥3.0 |
| 泌水率比（%） | | ≤100 | ≤95 | ≤70 | ≤80 | ≤80 |
| 凝结时间差（min） | 初凝 | -90～+120 | -90～+120 | -90～+120 | -90～+120 | -90～+120 |
| | 终凝 | -90～+120 | -90～+120 | -90～+120 | -90～+120 | -90～+120 |
| 抗压强度比（%） | 1d | — | ≥130 | — | — | — |
| | 3d | ≥110 | ≥120 | ≥120 | ≥80 | ≥110 |
| | 7d | ≥110 | ≥115 | ≥115 | ≥80 | ≥110 |
| | 28d | ≥105 | ≥110 | ≥110 | ≥80 | ≥100 |

续表

| 试验项目＼外加剂种类 | 普通减水剂 | 高效减水剂 | 引气型高效减水剂 | 引气剂 | 引气减水剂 |
|---|---|---|---|---|---|
| 28d收缩率比（%） | ≤135 | ≤135 | ≤135 | ≤135 | ≤135 |
| 抗冻性能（相对耐久性） | ≥60（冻200） | ≥60（冻200） | ≥60（冻200） | ≥60（冻200） | ≥60（冻200） |
| 对钢筋锈蚀作用 | 应说明对钢筋有无锈蚀危害 | | | | |

注："≥60（冻200）"表示将28d龄期的受检混凝土试件冻融循环200次以后，动弹性模量保留值不小于60%；一般情况下，除引气高效减水剂、引气减水剂、引气剂之外本规程中所规定外加剂的相对耐久性不做为控制指标，但当该外加剂用于有抗冻融要求的混凝土时，必须满足此要求。

**掺混凝土外加剂混凝土性能指标　　表2-71**

| 试验项目＼外加剂种类 | | 缓凝剂 | 缓凝减水剂 | 缓凝高效减水剂 | 早强剂 | 早强减水剂 |
|---|---|---|---|---|---|---|
| 减水率（%） | | — | ≥8 | ≥18 | — | ≥8 |
| 含气量（%） | | — | ≤5.5 | ≤5.5 | — | ≤4.0 |
| 泌水率比（%） | | ≤100 | ≤100 | ≤100 | ≤100 | ≤100 |
| 凝结时间差（min） | 初凝 | ≥+90 | ≥+90 | ≥+90 | -90～+90 | -90～+90 |
| | 终凝 | — | — | — | -90～+90 | -90～+90 |
| 抗压强度比（%） | 1d | — | — | — | ≥125 | ≥130 |
| | 3d | ≥90 | ≥100 | ≥120 | ≥120 | ≥120 |
| | 7d | ≥90 | ≥110 | ≥115 | ≥105 | ≥110 |
| | 28d | ≥90 | ≥105 | ≥110 | ≥95 | ≥100 |
| 28d收缩率比（%） | | ≤135 | ≤135 | ≤135 | ≤135 | ≤135 |
| 抗冻性能（相对耐久性） | | ≥60（冻200） | ≥60（冻200） | ≥60（冻200） | ≥60（冻200） | ≥60（冻200） |
| 对钢筋锈蚀作用 | | 应说明对钢筋有无锈蚀危害 | | | | |

注："≥60（冻200）"表示将28天龄期的受检混凝土试件冻融循环200次以后，动弹性模量保留值不小于60%；一般情况下，本表所规定外加剂的相对耐久性不做为控制指标，但当该外加剂用于有抗冻融要求的混凝土时，必须满足此要求。

**掺防冻剂及泵送型防冻剂混凝土性能指标　　表2-72**

| 试验项目＼外加剂种类 | | 防冻剂 | 泵送型防冻剂 |
|---|---|---|---|
| 减水率（%） | | ≥8 | ≥8 |
| 含气量（%） | | ≥2.0 | ≥2.0 |
| 泌水率比（%） | | ≤100 | ≤100 |
| 压力泌水率（%） | | — | ≤95 |
| 坍落度保留值（mm） | 30min | — | ≥120 |
| | 60min | — | ≥100 |
| 凝结时间差（min） | 初凝 | -120～+120 | -120～+120 |
| | 终凝 | -120～+120 | -120～+120 |

续表

| 试验项目 \ 外加剂种类 | | 防冻剂 | | | 泵送型防冻剂 | | |
|---|---|---|---|---|---|---|---|
| | 规定温度（℃） | -5 | -10 | -15 | -5 | -10 | -15 |
| 抗压强度比（%） | $R_{-7}$ | ≥20 | ≥12 | ≥10 | ≥20 | ≥12 | ≥10 |
| | $R_{28}$ | ≥90 | ≥90 | ≥85 | ≥90 | ≥90 | ≥85 |
| | $R_{-7+28}$ | ≥90 | ≥85 | ≥80 | ≥90 | ≥85 | ≥80 |
| | $R_{-7+56}$ | ≥100 | ≥100 | ≥100 | ≥100 | ≥100 | ≥100 |
| 28d 收缩率比（%） | | ≤120 | | | ≤120 | | |
| 抗渗压力（或高度比）（%） | | ≥100（或≤100） | | | ≥100（或≤100） | | |
| 抗冻性能 | 50 次冻融强度损失率（%） | ≤100 | | | ≤100 | | |
| | 相对耐久性 | ≥60（冻 200） | | | ≥60（冻 200） | | |
| 对钢筋锈蚀作用 | | 应说明对钢筋有无锈蚀危害 | | | | | |

注：1. 泵送型防冻剂检验按照 JC 475 标准进行，但受检混凝土初始坍落度控制在 210±10mm

2. 表中“规定温度”为受检验混凝土在负温养护时的温度；

3. “≥60（冻 200）”表示将 28d 龄期的受检混凝土试件冻融循环 200 次以后，动弹性模量保留值不小于 60%；一般情况下，本表所规定外加剂的相对耐久性不做为控制指标，但当该外加剂用于有抗冻融要求的混凝土时，必须满足此要求。

**混凝土膨胀剂性能指标** **表 2-73**

| 试验项目 \ 外加剂种类 | | 混凝土膨胀剂 |
|---|---|---|
| 安定性 | | 合格 |
| 细度 | 比表面积（$m^2/kg$） | ≥250 |
| | 0.08mm 筛筛余（%） | ≤12 |
| | 1.25mm 筛筛余（%） | ≤0.5 |
| 限制膨胀率（%） | 水中 7d | ≥0.025 |
| | 水中 28d | ≤0.10 |
| | 空气中 21d | ≥-0.020 |
| 抗压强度（MPa） | 7d | ≥25.0 |
| | 28d | ≥45.0 |
| 抗压强度（MPa） | 7d | ≥4.5 |
| | 28d | ≥6.5 |
| 总碱量（$Na_2O+0.658K_2O$）（%） | | ≤0.75 |
| 氧化镁含量 | | ≤5.0 |
| 氯离子含量 | | ≤0.05 |
| 对钢筋锈蚀作用 | | 应说明对钢筋有无锈蚀危害 |

掺防水剂类外加剂混凝土的技术性能指标　　表 2-74

| 试验项目 \ 外加剂种类 | | 防水剂 | 泵送型防水剂 |
|---|---|---|---|
| 净浆安定性 | | 合格 | 合格 |
| 泌水率比（%） | | ≤70 | ≤70 |
| 压力泌水率比（%） | | — | ≤95 |
| 坍落度保留值（mm） | 30min | — | ≥120 |
| | 60min | — | ≥100 |
| 凝结时间差（min） | 初凝 | ≥-90 | ≥-90 |
| | 终凝 | — | — |
| 抗压强度比（%） | 3d | ≥90 | ≥90 |
| | 7d | ≥100 | ≥100 |
| | 28d | ≥90 | ≥90 |
| 渗透高度比（%） | | ≤40 | ≤40 |
| 48h 吸水量比（%） | | ≤75 | ≤75 |
| 抗冻性能（相对耐久性） | | ≥60（冻 200） | ≥60（冻 200） |
| 28d 收缩率比（%） | | ≤135 | ≤135 |
| 对钢筋锈蚀作用 | | 应说明对钢筋有无锈蚀危害 | |

注：1. 泵送型防水剂检验方法按照 JC474 标准进行，但受检混凝土初始坍落度控制在 210mm±10mm；
2. "≥60（冻 200）"表示将 28d 龄期的受检混凝土试件冻融循环 200 次以后，动弹性模量保留值不小于 60%；一般情况下，本表所规定外加剂的相对耐久性不做为控制指标，但当该外加剂用于有抗冻融要求的混凝土时，必须满足此要求。

掺泵送剂混凝土的技术指标　　表 2-75

| 试验项目 \ 外加剂种类 | | 泵　送　剂 |
|---|---|---|
| 坍落度增加值（mm） | | ≥80 |
| 常压泌水率比（%） | | ≤100 |
| 含　气　量（%） | | ≤5.5 |
| 压力泌水率比（%） | | ≤95 |
| 坍落度保留值（mm） | 30min | ≥120 |
| | 60min | ≥100 |
| 抗压强度比（%） | 3d | ≥85 |
| | 7d | ≥85 |
| | 28d | ≥85 |
| 28d 收缩率比（%） | | ≤135 |
| 抗冻性能（相对耐久性） | | ≥60（冻 200） |
| 对钢筋锈蚀作用 | | 应说明对钢筋有无锈蚀危害 |

注："≥60（冻 200）"表示将 28d 龄期的受检混凝土试件冻融循环 200 次以后，动弹性模量保留值不小于 60%；一般情况下，本表所规定外加剂的相对耐久性不做为控制指标，但该外加剂用于有抗冻融要求的混凝土时，必须满足此要求。

掺速凝剂水泥净浆及水泥砂浆的性能要求 　　表 2-76

| 净浆凝结时间 min | | 水泥砂浆 | | 速凝剂 | |
|---|---|---|---|---|---|
| 初凝 | 终凝 | 1d 抗压强度（MPa） | 28d 抗压强度比（%） | 细度（80μm 筛筛余）（%） | 含水率（%） |
| ≤5 | ≤10 | ≥7 | ≥70 | ≤15 | ≤2.0 |

## 三、必试项目

外加剂进场后或对其质量有怀疑时，应按表 2-77 的规定进行必试项目的复试，必要时可按相应的外加剂标准进行其他相关试验项目的复试。

外加剂复试项目一览表 　　表 2-77

| 品　种 | 检　验　项　目（必试） | 检验标准 |
|---|---|---|
| 普通减水剂 | 钢筋锈蚀、28d 抗压强度比、减水率 | GB 8076 |
| 高效减水剂 | 钢筋锈蚀、28d 抗压强度比、减水率 | GB 8076 |
| 早强减水剂 | 钢筋锈蚀、1d 和 28d 抗压强度比、减水率 | GB 8076 |
| 缓凝减水剂 | 钢筋锈蚀、28d 抗压强度比、减水率、凝结时间差 | GB 8076 |
| 引气减水剂 | 钢筋锈蚀、28d 抗压强度比、减水率、含气量 | GB 8076 |
| 缓凝高效减水剂 | 钢筋锈蚀、28d 抗压强度比、减水率、凝结时间差 | GB 8076 |
| 早　强　剂 | 钢筋锈蚀、1d 和 28d 抗压强度比 | GB 8076 |
| 缓　凝　剂 | 钢筋锈蚀、28d 抗压强度比、凝结时间差 | GB 8076 |
| 引　气　剂 | 钢筋锈蚀、28d 抗压强度比、含气量 | GB 8076 |
| 泵　送　剂 | 钢筋锈蚀、28d 抗压强度比、坍落度保留值、压力泌水率比 | JC 473 |
| 防　水　剂 | 钢筋锈蚀、28d 抗压强度比、渗透高度比、安定性 | JC 474 |
| 防　冻　剂 | 钢筋锈蚀、－7d 和－7＋28d 抗压强度比 | JC 475 |
| 膨　胀　剂 | 钢筋锈蚀、28d 抗压和抗折强度、限制膨胀率、安定性 | JC 476 |
| 速　凝　剂 | 钢筋锈蚀、28d 抗压强度比、凝结时间 | JC 477 |

## 四、组批原则及取样规定

1. 组批原则

（1）《混凝土外加剂》（GB 8076）标准中所涉及的混凝土外加剂：掺量≥1%的同品种外加剂，每一编号为 100t；掺量＜1%的外加剂，每一编号为 50t，不足 100t 或 50t 的，亦按一个批量计。

（2）防水剂：年产 500t 以上的防水剂每 50t 为一批，年产 500t 以下的防水剂每 30t 为一批，不足 50t 或 30t 的亦按一个批量计。

（3）泵送剂：每 50t 泵送剂为一批，不足 50t 亦作为一批。

（4）防冻剂：每 50t 防冻剂为一批，不足 50t 亦作为一批。

（5）速凝剂：每 20t 速凝剂为一批，不足 20t 亦作为一批。

（6）膨胀剂：每 60t 膨胀剂为一批，不足 60t 亦作为一批。

2. 取样数量

同一编号的产品必须混合均匀。每一编号取样量不少于 0.2t 水泥所需用的外加剂量（$0.2 \times 1000 \times A\%$ kg，A% 为外加剂推荐掺量）。

### 五、试验结果判定

外加剂的钢筋阻锈和安定性试验为否决项目，凡其中一项不合格的外加剂禁用，否则对钢筋阻锈不合格的外加剂应拟定阻锈方案，且应征得设计单位同意。

各种类型减水剂的减水率、缓凝型外加剂的凝结时间差、引气型外加剂的含气量及硬化混凝土的各项性能指标符合表 2-68 或 2-70、2-71、2-72、2-73、2-74、2-75、2-76 要求的，判符合相应等级；如不符合要求则判不合格，可退回或更换产品，也可降级使用，但降级使用时，应考虑经济效益和所配制混凝土的技术性能。

### 六、其他

关于砂浆防冻剂，目前暂无试验方法，试验时可参考混凝土防冻剂，但一般取消钢筋阻锈试验。

现场现场的混凝土防冻剂和砂浆防冻剂不宜串用，但如果工地暂无砂浆防冻剂，可以用已检验合格的混凝土防冻剂取代，掺量宜降低 20% ~ 30%。但绝不允许以砂浆防冻剂代替混凝土防冻剂，因为一般的砂浆防冻剂对钢筋有锈蚀作用。

## 第十二节　砌　筑　砂　浆

### 一、相关技术标准、规程、规范

1.《砌体工程施工质量验收规范》GB 50203—2002；
2.《建筑砂浆基本性能试验方法》JGJ 70—90；
3.《砌筑砂浆配合比设计规程》JGJ 98—2000；
4.《干拌砂浆应用技术规程》DBJ/T 01—73—2003。

### 二、基本概念

1. 定义

砂浆：由胶结料、细骨料、掺合料和水配制而成的建筑工程材料，在建筑工程中起粘结、衬垫和传递应力的作用。

砌筑砂浆：将砖、石、砌块等粘结成为砌体的砂浆。

水泥砂浆：由水泥、细骨料和水配制成的砂浆。

水泥混合砂浆：由水泥、细骨料、掺合料和水配制成的砂浆。

掺和料：为改善砂浆和易性而加入的无机材料，例如：石灰膏、电石膏、粉煤灰、黏土膏等。

电石膏：电石消解后，经过滤后的产物。

外加剂：在拌制砂浆过程中掺入，用以改善砂浆性能的物质。

2. 分类

（1）按种类分：砌筑砂浆一般包括水泥砂浆和水泥混合砂浆。

（2）按强度等级分：砌筑砂浆一般采用M20、M15、M10、M7.5、M5和M2.5六个等级。

（3）水泥砂浆和水泥石灰砂浆宜用于砌筑潮湿环境以及强度要求较高的砌体，但对于湿土中的砖石基础一般采用水泥砂浆。石灰砂浆宜于砌筑干燥环境中的砌体。多层房屋的墙一般采用强度等级为M5的水泥石灰砂浆；砖柱、砖拱、钢筋混凝土过梁等一般采用强度等级为M5或M10水泥砂浆；砖基础一般采用强度等级为M5～M10的水泥砂浆；低层房屋或平房可采用石灰砂浆；料石砌体多采用强度等级为M5的水泥砂浆或水泥石灰砂浆；简易房屋可用石灰黏土砂浆。

3. 技术要求

（1）对原材料的技术要求

1）水泥

砌筑砂浆用水泥的强度等级应根据设计要求进行选择。配制水泥砂浆采用的水泥，其强度等级不宜大于32.5级；水泥混合砂浆采用的水泥，其强度等级不宜大于42.5级。为保证砌筑砂浆和易性，优先选用强度等级较低的砌筑水泥。

2）砂子

① 砌筑砂浆用砂宜选用中砂，其中毛石砌体宜选粗砂。

② 对水泥砂浆和强度等级不小于M5的水泥混合砂浆，砂的含泥量不应超过5%；对强度等级小于M5的水泥混合砂浆，砂的含泥量不应超过10%。

③ 砂浆用砂不得含有有害物质。

④ 人工砂、山砂和特细砂，应经试配且能满足砌筑砂浆的技术条件要求。

3）掺合料

① 生石灰熟化成石灰膏时，应用孔径不大于3mm×3mm的网过滤，熟化时间不得少于7d；磨细生石灰粉的熟化时间不得小于2d。沉淀池中贮存的石灰膏，应采取防止干燥、冻结和污染的措施。严禁使用脱水硬化的石灰膏。

② 采用黏土或亚黏土制备黏土膏时，宜用搅拌机加水搅拌，通过孔径不大于3mm×3mm的网过筛。用比色法鉴定黏土中的有机物含量时，应浅于标准色。

③ 制作电石膏的电石渣应用孔径不大于3mm×3mm的网过滤，检验时应加热至70℃并保持20min，没有乙炔气味后，方可使用。

④ 消石灰粉不得直接用于砌筑砂浆中。

⑤ 石灰膏、黏土膏和电石膏试配时的稠度，应调整为120±5mm。

⑥ 粉煤灰的品质指标和磨细生石灰的品质指标应符合国家标准《用于水泥和混凝土中的粉煤灰》GB1596—91及行业标准《建筑生石灰粉》JC/T 480的相应要求。

4）水

配制砂浆用水应符合现行行业标准《混凝土拌合用水标准》JGJ63的规定。

5）外加剂

凡在砂浆中掺入有机塑化剂、早强剂、缓凝剂、防冻剂等，应经检验和试配符合要求后，方可使用。有机塑化剂应有砌体强度的型式检验报告。

（2）对砂浆配合比的技术要求

1）砌筑砂浆应通过试配确定配合比。当砌筑砂浆的组成材料有变更时，其配合比应

砌筑砂浆的稠度　　表 2-78

| 砌 体 种 类 | 砂浆稠度（mm） |
| --- | --- |
| 烧结普通砖砌体 | 70～90 |
| 轻骨料混凝土小型空心砌块砌体 | 60～90 |
| 烧结多孔砖　空心砖砌体 | 60～80 |
| 烧结普通砖平拱式过梁<br>空斗墙　筒拱<br>普通混凝土小型空心砌块砌体<br>加气混凝土砌块砌体 | 50～70 |
| 石 砌 体 | 30～50 |

重新确定。

2）施工中当采用水泥砂浆代替水泥混合砂浆时，应重新确定砂浆强度等级。

3）水泥砂浆拌合物的密度不宜小于 1900kg/m$^3$；水泥混合砂浆拌合物的密度不宜小于 1800kg/m$^3$。

4）砌筑砂浆稠度、分层度、试配抗压强度必须同时符合要求。

5）砌筑砂浆的稠度应按表 2-78 的规定选用。

6）砌筑砂浆分层度不得大于 30mm。

7）水泥砂浆中水泥用量不应小于 200 kg/m$^3$；水泥混合砂浆中水泥和掺加料总量宜为 300～350kg/m$^3$。

8）具有冻融循环次数要求的砌筑砂浆，经冻融试验后，质量损失率不得大于 5%，抗压强度损失率不得大于 25%。

4. 砂浆基本性能

经拌成后的砂浆应满足和易性要求及强度等级要求，满足设计种类和强度等级要求，并具有足够的粘结力。

（1）和易性

新拌砂浆应具有良好的和易性。和易性优良的砂浆，不易产生分层、析水现象，能在粗糙的砌筑表面上铺成均匀的薄层，能很好与底层粘结，便于施工操作和保证工程质量。砂浆的和易性包括流动性和保水性两个方面。

1）流动性：砂浆流动性表示砂浆在自重或外力作用下流动的性能，用“稠度”表示。用砂浆稠度仪通过试验测定稠度值，以标准圆锥体在砂浆内自由沉入 10s，沉入深度用毫米（mm）表示。

2）保水性：砂浆保水性是砂浆保持水分的能力。用“分层度 ”表示。保水性可用砂浆分层度测定仪测定。

（2）强度

砂浆硬化后应具有足够的强度，强度的大小用强度等级表示。砂浆在砌体中主要作用是传递压力，所以应具有一代的抗压强度。其抗压强度是确定等级主要依据。

## 三、必试项目

1. 稠度；
2. 抗压强度；
3. 分层度（砂浆试配时）。

## 四、砌筑砂浆技术管理要求

1. 原材料检验

(1) 原材料

参考"水泥"、"砂子"、"外加剂"相应部分。

(2) 干拌砂浆

买卖双方可在购货合同中商定交货复验项目。复验项目可在出厂检验项目中选取 1~2 项。对散装干拌砂浆，如有必要使用单位可会同生产单位用筛分法和水泥胶砂强度法检查均匀性。

2. 砌筑砂浆配合比计算与确定

(1) 水泥混合砂浆配合比计算

1) 砂浆的试配强度按下式计算：

$$f_{m,0} = f_2 + 0.645\sigma$$

式中 $f_{m,0}$——砂浆试配强度（MPa）；

$f_2$——砂浆的设计强度等级（MPa）；

$\sigma$——砂浆现场强度标准差（MPa）。

2) 砌筑砂浆现场强度标准差的确定应符合下列规定：

①有统计资料时，应按下式计算：

$$\sigma = \sqrt{\frac{\sum f_{m,i}^2 - n\mu_{fm}^2}{n-1}}$$

式中 $f_{m,i}$——统计周期内同一品种砂浆第 $i$ 组试件的强度（MPa）；

$\mu_{fm}$——统计周期内同一品种砂浆第 $n$ 组试件强度的平均值（MPa）；

$n$——统计周期内同一品种砂浆试件的总组数，$n \geqslant 25$。

②当不具有近期统计资料时，砂浆现场强度标准差可按表 2-79 取用。

**砂浆强度标准差选用值（MPa）** **表 2-79**

| 砂浆强度等级 / 施工水平 | M2.5 | M5 | M7.5 | M10 | M15 | M20 |
|---|---|---|---|---|---|---|
| 优　良 | 0.50 | 1.00 | 1.50 | 2.00 | 3.00 | 4.00 |
| 一　般 | 0.62 | 1.25 | 1.88 | 2.50 | 3.75 | 5.00 |
| 较　差 | 0.75 | 1.50 | 2.25 | 3.00 | 4.50 | 6.00 |

3) 水泥用量的计算应符合下列规定：

①每立方米砂浆中水泥用量，按下式计算：

$$Q_c = \frac{1000(f_{m,0} - \beta)}{\alpha \cdot f_{ce}}$$

式中 $f_{m,0}$——砂浆试配强度（MPa），精确至 0.1MPa；

$f_{ce}$——水泥实测强度（MPa），精确至 0.1MPa；

$Q_c$——每立方米砂浆中水泥用量 $kg/m^3$，精确至 1kg；

$\alpha$、$\beta$——砂浆特征系数，其中 $\alpha = 3.03$，$\beta = -15.09$。

注：各地区也可用本地区试验资料确定 $\alpha$、$\beta$ 值，统计用的试验组数不得少于 30 组。

②在无法取得水泥的实测强度值时，可按下式计算 $f_{ce}$：

$$f_{ce} = \gamma_c f_{ee,k}$$

式中 $f_{ee,k}$——水泥强度等级对应的强度值；

$\gamma_c$——水泥强度等级值的富余系数，该值应按实际统计资料确定。无统计资料时，$\gamma_c$可取1.0

4）水泥混合砂浆的掺加料用量按下式计算：

$$Q_D = Q_A + Q_C$$

式中 $Q_D$——每立方米砂浆中掺合料用量，精确至1kg；石灰膏、黏土膏使用时的稠度为120±5mm；

$Q_C$——每立方米砂浆中水泥用量，精确至1kg；

$Q_A$——每立方米砂浆中胶结料和掺加料的总量，精确至1kg；宜在300~350kg之间。

5）每立方米砂浆中的砂子用量，应以干燥状态（含水率小于0.5%）的堆积密度值作为计算值（kg）。

6）每立方米砂浆中的用水量，根据砂浆稠度等要求可选用240~310kg。

注：①混合砂浆中的用水量，不包括石灰膏或黏土膏中的水。

②当采用细砂或粗砂时，用水量分别取上限或下限。

③稠度小于70mm时，用水量可小于下限。

④施工现场气候炎热或干燥季节，可酌情增加用水量。

(2) 水泥砂浆配合比选用

水泥砂浆材料用量可按表2-80选用。

**每立方米水泥砂浆材料用量** **表2-80**

| 强度等级 | 每立方米砂浆水泥用量（kg） | 每立方米砂子用量（kg） | 每立方米砂浆用水量（kg） |
|---|---|---|---|
| M2.5~M5 | 200~230 | 1m³砂子的堆积密度值 | 270~330 |
| M7.5~M10 | 220~280 | | |
| M15 | 280~340 | | |
| M20 | 340~400 | | |

注：1. 此表水泥强度堆积为32.5级，大于32.5级水泥用量宜取下限；

2. 根据施工水平合理选择水泥用量；

3. 当采用细砂或粗砂时，用水量分别取上限或下限；

4. 稠度小于70mm时，用水量可小于下限；

5. 施工现场气候炎热或干燥季节，可酌情增加用水量。

(3) 配合比试配、调整与确定

1）试配时应采用工程中实际使用的材料；搅拌方法应采用机械搅拌。

2）按计算或查表所得配合比进行试拌时，应测定其拌合物的稠度和分层度，若不能满足要求时，应调整材料用量，直到符合要求为止。然后确定为试配时的砂浆基准配合比。

3）试配时至少应采用三个不同的配合比，其中一个为基准配合比，其他配合比的水泥用量应按基准配合比分别增加及减少10%。在保证稠度、分层度合格的条件下，可将用水量或掺加料用量作相应调整。

4）三个不通的配合比，经调整后，应按现行标准《建筑砂浆基本性能试验方法》JGJ 70—1990 的规定成型试件，测得砂浆强度等级；并选定符合强度要求的且水泥用量最低的配合比作为砂浆配合比。

3. 砌筑砂浆试验要求

(1) 组批原则

每一楼层或 250m³砌体的各种类型及强度等级的砌筑砂浆，每台搅拌机应至少抽检一次，每次至少应制作一组试块，每组由 6 个试块组成。如砂浆等级或配合比变更时，还应制作试块。基础砌体可按一层楼计。对于混凝土小型空心砌块用砂浆，每一楼或 250m³砌体、每种强度等级的砂浆至少制作两组试块。

(2) 取样、试验（含成型）、养护方法

1）取样方法

① 干拌砂浆均匀性试验取样方法

在储料罐的五个不同部位或在放料过程的五个不同时间，分别取出不少于 5000g 干拌砂浆，供筛分和强度试验用。

② 自拌砂浆和干拌砂浆拌合物取样方法

施工中取样进行砂浆试验时，其取样方法和原则按相应的施工验收规范执行。应在使用地点的砂浆槽、砂浆运送车或搅拌机出料口，至少从三个不同部位集取。所取试样的数量应多于试验用料的 1～2 倍。砂浆拌合物取样后，应尽快进行试验。现场取来的试样，在试验前应经人工再翻拌，以保证其质量均匀。

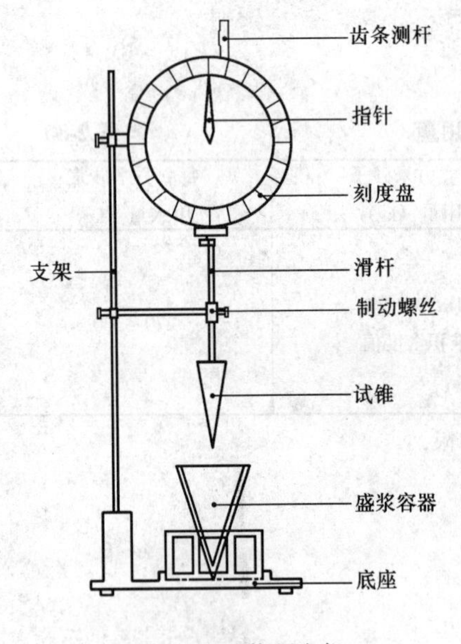


图 2-5　砂浆稠度仪

2）试验方法

①稠度试验

a. 稠度试验所用仪器应符合下列规定：

(a) 砂浆稠度仪：由试锥、容器和支座三部分组成（见图 2-5）。试锥由钢材或铜材制成，试锥高度为 145mm、锥底直径为 75mm、试锥连同滑杆的重量应为 300g；盛砂浆容器由钢板制成，筒高为 180mm，锥底内径为 150mm；支座分底座、支架及稠度显示三个部分，由铸铁、钢及其他金属制成；

(b) 钢制振捣棒：直径 10mm、长 350mm、端部磨圆；

(c) 秒表等。

b. 稠度试验

(a) 盛浆容器和试锥表面用湿布擦干净，用少量润滑油轻擦滑杆，然后将滑杆上多余的油用吸油纸擦净，使滑杆能自由滑动。

(b) 将砂浆拌合物一次注入容器，使砂浆表面低于容器口约 10mm 左右，用振捣棒自容器中心向边缘插捣 25 次，然后轻轻地将容器摇动或敲击 5～6 下，使砂浆表面平整后将容器置于稠度测定仪的底座上。

（c）拧开试锥滑杆的制动螺丝，向下移动滑杆，当试锥尖端与砂浆表面刚接触时，拧紧制动螺丝，使齿条测杆下端刚接触滑杆上端，并将指针对准零点上。

（d）拧开制动螺丝，同时计时间，待10s后立即紧固螺丝，将齿条测杆下端接触滑杆上端，从刻度盘上读出下沉深度（精确至1mm）即为砂浆的稠度值。

（e）圆锥形容器内的砂浆，只允许测定一次稠度，重复测定时，应重新取样。取两次试验结果的算术平均值，计算精确至1mm；若两次试验值之差大于20mm，则应另取砂浆搅拌后重新测定。

②抗压强度试件的成型

a. 砌筑砂浆抗压强度试件应用无底试模制作，即应在拆除砂浆试模的底后再使用。

图2-6　无底试模

b. 试模为70.7mm×70.7mm×70.7mm立方体，由铸铁或钢制成，应具有足够的刚度并拆装方便。试模内表面应机械加工，其不平度应为每100mm不超过0.05mm。组装后各相邻面的不垂直度不应超过±0.5°（图2-6）。

c. 捣棒为直径为10mm，长350mm的钢棒，其端部应磨圆（图2-7）。

图2-7　捣棒

d. 制作试件时，将无底试模放在预先铺有吸水性较好的纸的普通黏土砖上（砖的吸水率不小于10%，含水率不大于20%），试模内壁事先涂刷薄层机油或脱模剂。放在砖上的湿纸，应为湿的新闻纸（或其他未粘过胶结材料的纸），纸的大小要以能盖过砖的四边为准。砖的使用面要求平整（图2-8、图2-9）。

e. 向试模内一次注满砂浆，用捣棒均匀由外向里按螺旋方向插捣25次。为了防止低稠度砂浆插捣后可能留下孔洞，允许用油灰刀沿模壁插数次，使砂浆高出试模顶面6～8mm。

图 2-8　砖上铺温纸

图 2-9　试模置于砖上

f. 当砂浆表面开始出现麻斑状态时（约 15～30min 后），将高出部分的砂浆沿试模顶面削去后抹平。

g. 试件制作后应在 20±5℃温度环境下停置一昼夜（24±2h），当气温较低时，可适当延长时间，但不应超过两昼夜，然后对试件进行编号、拆模。试件拆模后，应在标准养护条件下继续养护至 28d，然后进行试压。

③养护方法

a. 标准养护的条件是：

水泥混合砂浆温度应为 20±3℃，相对湿度 60%～80%；

水泥砂浆和微沫砂浆温度应为 20±3℃，相对湿度 90%以上。

b. 水泥砂浆试块可与混凝土标准养护试块一同在标准养护室或标准养护箱内养护。

c. 混合砂浆试块不得进入混凝土标准养护室或标准养护箱，应在专用的混合砂浆养护箱内养护。

d. 无标准养护条件时，砂浆试块可采用自然养护。

（a）水泥混合砂浆应在正常温度，相对湿度 60%～80%条件下（不通风的室内）养护；

(b) 水泥砂浆和微沫砂浆应在正温度并保持试块表面湿润的状态下（如湿砂堆中）养护；

(c) 养护期间必须作好温度、湿度记录。在有争议时，以标准养护条件为准。

e. 养护期间，试件彼此间隔不少于10mm。

## 五、试验结果判定

1. 砂浆试块强度计算

砂浆立方体抗压强度应按下式计算：

$$f_{m,cu} = N_u / A$$

式中 $f_{m,cu}$——砂浆立方体抗压强度（MPa）；

$N_u$——立方体破坏压力（N）；

$A$——试件承压面积（$mm^2$）。

砂浆立方体抗压强度计算应精确至0.1MPa。

以6个试件测值的算术平均值作为该组试件的抗压强度值。平均值计算精确至0.1MPa。

当6个试件测值的最大值或最小值与平均值的差超过20%时，以中间4个试件的平均值作为该组试件的抗压强度值。

2. 砌筑砂浆试块强度验收时的质量评定

砌筑砂浆试块强度结果一般不进行单组评定，而是组成验收批，按批进行非统计评定。同一工程、同一类型、同一强度等级的砂浆试块组成一验收批。

砌筑砂浆试块强度验收时，同一验收批的砌筑砂浆试块强度合格评定必须符合以下规定：

(1) 同一验收批砂浆试块抗压强度平均值，必须大于或等于设计强度等级所对应的立方体抗压强度；

(2) 同一验收批砂浆试块抗压强度的最小一组强度值，必须大于或等于设计强度等级所对应的立方体抗压强度的0.75倍。

注：1. 砌筑砂浆的验收批，同一类型、强度等级的砂浆试块应不少于3组。当同一验收批只有1组（含两组）试块时，该组试块抗压强度的平均值必须大于或等于设计强度等级所对应的立方体抗压强度。

2. 砂浆强度应以标准养护，龄期为28d的试块抗压试验结果为准。

但只要有一组砂浆试块的强度小于设计强度标准值的75%时，则该批砂浆评定为不合格。

3. 不合格试样处理

砂浆试件的试验结果不能满足设计要求，可采用现场检验方法对砂浆和砌体强度进行原位检测或取样检测，并判定其强度。

## 六、其他

1. 建筑地面工程水泥砂浆

根据《建筑地面工程施工质量验收规范》GB 50209—2002，建筑地面工程水泥砂浆试块取样按下列规定：

（1）检验水泥砂浆强度试块的组数，每一层（或检验批）建筑地面工程不应小于1组。当每一层（或检验批）建筑地面工程面积大于1000m$^2$时，每增加1000m$^2$应增做1组试块；小于1000m$^2$按1000m$^2$计算。

（2）当改变配合比时，应相应地制作试块组数。

2. 抹灰砂浆

根据《建筑装饰装修工程质量验收规范》（GB 50210—2001），与抹灰砂浆相关的试验规定如下：

（1）原材料

1）水泥：复验其凝结时间和安定性，合格后方可使用。

2）石灰：石灰膏的熟化期不应少于5d；罩面用的磨细石灰粉的熟化期不应少于3d。

3）防冻剂：如环境温度低于5℃时，掺入砂浆中的防冻剂应通过试验确定掺量。做涂料墙面的抹灰砂浆中，不得掺入含氯盐的防冻剂。

（2）砂浆配合比：应符合设计要求。

（3）砂浆基本性能：不涉及和易性、强度试验。

# 第三章 地基基础部分

## 第一节 回（压实）填土

### 一、相关的标准、规范、规程

1.《土工试验方法标准》GB/T 50123—1999；

2.《建筑地基基础设计规范》GB 50007—2002；

3.《建筑地基基础工程施工质量验收规范》GB 50202—2002；

4.《建筑地基处理技术规范》JGJ 79—2002。

### 二、基本概念

1. 所用材料

（1）碎石土：为粒径大于2mm的颗粒含量超过全重50%的土，可分为漂石、块石、卵石、碎石、圆砾和角砾。

（2）砂土：为粒径大于2mm的颗粒含量不超过全重50%、粒径大于0.075mm的颗粒超过全重50%的土，砂土分为砾砂、粗砂、中砂、细砂和粉砂。

（3）黏性土：为塑性指数 $I_p$ 大于10的土，可分为黏土、粉质黏土。

（4）粉土：为介于砂土和黏性土之间，塑性指数 $I_p \leqslant 10$ 且粒径大于0.075mm的颗粒含量不超过全重50%的土。

（5）淤泥：在静水或缓慢的流水环境中沉积，并经生物化学作用形成，其天然含水量大于液限、天然孔隙比大于或等于1.5的黏性土。当天然含水量大于液限而天然孔隙比小于1.5但大于或等于1.0的黏性土或粉土为淤土或淤泥质土。

（6）红黏土：红黏土为碳酸盐岩系的岩石经红土化作用形成的高塑性黏土。其液限一般大于50。红黏土经再搬运后仍保留其基本特征，其液限大于45的土为次生红黏土。

（7）素填土：由碎石土、砂土、粉土、黏性土等组成的填土。

（8）压实填土：经过压实和夯实的素填土为压实填土。

（9）杂填土：含有建筑垃圾、工业废料、生活垃圾等杂物的填土。

（10）冲填土：由水力冲填泥砂形成的填土。

（11）灰土：将细粒土和石灰按一定体积比混合成的土。通常有3:7和2:8两个比例，前者为白灰体积数，后者为土的体积数。与素土相比，灰土有较好防潮、防水效果。

2. 相关概念

（1）要求压实系数：压实填土的控制干密度 $\rho_d$ 与最大干密度 $\rho_{dmax}$ 的比值。

（2）实测压实系数：压实填土的实测干密度与最大干密度的比值。

（3）夯填度：褥垫夯实后的厚度与虚铺厚度的比值。

(4) 基坑：为进行建筑物（包括构筑物）基础与地下室的施工所开挖的地面以下空间。

3. 分类

(1) 作为建筑地基的岩土可分为：岩土、碎石土、砂土、粉土、黏性土和人工填土。

(2) 人工填土按其组成和成因分为：素填土、压实填土、杂填土和冲填土。

(3) 依据土的粒径级配分为：巨粒土、粗粒土和细粒土。

4. 技术指标

涉及回（压实）填土质量控制共有三个指标，即：

(1) 压实系数；

(2) 干密度；

(3) 夯填度。

5. 回（压实）填土的种类和相应的质量控制要求、试验方法的关系，详见表 3-1。

**回（压实）填土的种类和相应的质量控制要求、试验方法** **表 3-1**

| 岩土种类 | | 质量控制要求 | 试验方法 |
|---|---|---|---|
| 炉渣、中砂、粗砂、土夹石 | | 夯填度 | 现场测量夯实前后的厚度 |
| 粗粒土 | 碎石土、工业废料、砾石、卵石或块石（含级配砂石） | 压实系数或干密度 | 灌砂法或灌水法 |
| 细粒土 | 砂土、粉质黏土、粉土、灰土、黏性土 | 压实系数或干密度 | 环刀法 |

## 三、必试项目

1. 必试项目

干密度（或夯填度、压实系数）。

2. 试验程序

(1) 设计有压实系数要求时，先取土样委托检测单位进行击实试验，确定控制干密度后，再在现场进行干密度取样试验。

(2) 设计无压实系数要求且无干密度要求时，依据表 3-3 选择压实系数，再取土样进行击实试验，确定控制干密度后，再进行干密度取样试验。

(3) 设计仅有干密度要求时，无须进行击实试验，仅进行干密度取样试验。

3. 组批原则

做标准击实试验的土样取样数量应满足：素土或灰土不少于 25kg，砂或级配砂石不少于 45kg。

## 四、取样方法及数量的规定

在回填表土作业时，应严格分层取样。

1. 基坑、室内回填每 50～100m² 不少于一个检验点；

2. 基槽、管沟每 10～20m 不少于 1 个检验点；

3. 每一独立基础至少有一个检验点；

4. 对灰土、砂和砂石地基、土工合成材料、粉煤灰地基、强夯地基，每单位工程不少于 3 点，对 1000m² 以上工程，每 100m² 至少应有一点；对 3000m² 以上工程，每 300m²

至少应有一点；

5. 场地平整，每 100~400$m^2$ 取 1 点，但不应少于 10 点；长度、宽度和边坡按每 20$m^2$ 取 1 点，每边不应少于一点。

## 五、试验结果判定

1. 试验结果判定

(1) 每一步的每一个取样点的干密度必须大于等于控制干密度。

(2) 每一步的每一个取样点的实测压实系数必须大于等于要求压实系数。

2. 不合格试样处理

(1) 击实试验结果不涉及不合格情况。

(2) 干密度（实测压实系数）试验不合格时，应针对不同情况采取相应措施，并在处理后再进行试验，全部合格后方可进行下一步回填压实，详见表 3-2。

**回填或压实回填不合格时处理方法　　表 3-2**

| 序　号 | 不合格情况 | 处　理　方　法 |
| --- | --- | --- |
| 1 | 同一步中全部土样均不合格 | 1. 如含水率不符合要求，含水率过大时，应对不合格区域的土进行翻晒，符合要求后再夯实，直至试验合格；<br>2. 如含水率符合要求，对不合格区域的土再度进行夯实，直至试验合格 |
| 2 | 同一步回填土部分区域不合格 | 1. 确定不合格范围；<br>2. 分析不合格原因；<br>3. 如含水率符合要求，则增加夯实遍数，直至试验合格；<br>4. 如含水率不符合要求，含水率过大时，应对不合格区域的土进行翻晒，符合要求后再夯实，直至试验合格；<br>5. 如含水率符合要求，对不合格区域的土再度进行夯实，直至试验合格 |

3. 注意事项

(1) 根据施工进度提前安排击实试验，在检测单位出具击实报告后，方可进行压实回填。

(2) 压实填土的压实系数根据图纸取值要求，图纸无要求时可按表 3-3 选用：

**压实填土的质量控制　　表 3-3**

| 结构类型 | 填土部位 | 压实系数 $\lambda_c$ | 控制含水量（%） |
| --- | --- | --- | --- |
| 砌体承重结构和框架结构 | 在地基主要受力层范围内 | ≥0.97 | $w_{op}\pm2$ |
| | 在地基主要受力层范围以下 | ≥0.95 | |
| 排架结构 | 在地基主要受力层范围内 | ≥0.96 | |
| | 在地基主要受力层范围以下 | ≥0.94 | |

注：1. $\lambda_c$ 为回填土控制干密度与最大干密度的比值；

2. 地坪垫层以下及基础底面标高以上的压实填土，压实系数不应小于 0.94；

3. $w_{op}$ 为最佳含水率。

(3) 回填土作业时，必须自下而上分层进行，应在下层回填土取点试验合格后才能进行上层的回填，其中每层填土的虚铺厚度要严格按表 3-4 进行控制。

(4) 环刀取样时，环刀下压时必须垂直，同时在挖出带土环刀时，环刀底面土样必须高出环刀截面，否则该试样无效应重做。在称取环刀及试样重量时，环刀两端土样必须削平，环刀外侧土样必须清除干净，不得带入称量盘，环刀内的试样取出后必须立即装入塑料袋，并作封口处理，防止水分蒸发。

(5) 采用灌水法时，套环必须放置水平，在关闭出水管后，必须持续观察 3～5min 才能记录储水筒内水位高度，当袋内水面出现下降时，该次试验无效，应另取塑料袋重做试验。

**填土虚铺厚度控制表　　表 3-4**

| 填土方法 | | 每层虚铺厚度不大于（cm） |
|---|---|---|
| 人工 | 人工木夯实 | 20 |
| | 打夯机械 | 25 |
| 机械 | 推土机 | 30～50 |
| | 铲运车、汽车 | 30～50 |

(6) 回填土时，土样含水率的大小直接影响夯实的质量，含水率过小，夯不实，含水率过大，易成橡皮土。黏性土施工含水量可控制在最佳含水量的 -6%～+2%范围内。施工现场土料含水量一般以手握成团，落地开花为适宜。另外雨天不宜进行填土作业。

## 第二节　基　坑　工　程

### 一、相关技术标准、规程、规范

1.《建筑基坑支护技术规程》JGJ 120—99；
2.《建筑基坑工程技术规范》YB 9258—97；
3.《岩土锚杆（索）技术规程》CECS 22:2005；
4.《基坑土钉支护技术规程》CECS 96:97；
5.《建筑边坡工程技术规范》GB 50330—2002；
6.《锚杆喷射混凝土支护技术规范》GB 50086—2001；
7.《建筑与市政降水工程技术规范》JGJ/T 111—98；
8.《建筑桩基技术规范》JGJ 94—94；
9.《建筑基桩检测技术规范》JGJ 106—2003、J 256—2003；
10.《建筑地基基础设计规范》GB 50007—2002；
11.《建筑地基基础工程施工质量验收规范》GB 50202—2002；
12.《灌注桩基础技术规程》YSJ 212—92、YBJ 42—92；
13.《岩土工程验收和质量评定标准》YB 9010—98。

### 二、基坑工程基本概念及其支护技术简介

1. 基本概念

(1) 建筑基坑：为进行建筑物（包括构筑物）基础与地下室的施工所开挖的地面以下空间。

(2) 基坑支护：为保证地下结构施工及基坑周边环境的安全，对基坑侧壁及周边环境采用的支挡、加固与保护措施。

(3) 土钉墙：采用土钉加固的基坑侧壁土体与护面等组成的支护结构。

（4）排桩：以某种桩型按队列式布置组成的基坑支护结构。

（5）地下连续墙：用机械施工方法成槽浇灌钢筋混凝土形成的地下墙体。

（6）水泥土墙：由水泥土桩相互搭接形成的格栅状、壁状等形式的重力式结构。

（7）土层锚杆：由设置于钻孔内、端部伸入稳定土层中的钢筋或钢绞线与孔内注浆体组成的受拉杆件。一般由锚头、自由段和锚固段三部分组成，其中锚固段用水泥或水泥砂浆将杆体（预应力筋）与土体粘结在一起形成锚杆的锚固体。

（8）预应力锚杆：由锚头、预应力筋、锚固体组成，利用预应力筋自由段（张拉段）的弹性伸长，对锚杆施加预应力，以提供所需的主动支护拉力的长锚杆。

（9）土钉：用来加固或同时锚固现场原位土体的细长杆件。通常采取土中钻孔、置入变形钢筋（即带肋钢筋）并沿孔全长注浆的方法做成。土钉依靠与土体之间的界面粘结力或摩擦力，在土体发生变形的条件下被动受力，并主要承受拉力作用。土钉也可用钢管、角钢等作为钉体，采用直接击入的方法置入土中。

（10）基本试验：是为确定锚杆极限承载力和获得有关设计参数而进行的试验。

（11）验收试验：是为检验锚杆施工质量及承载力是否满足设计要求而进行的试验。

（12）蠕变试验：是为掌握锚杆蠕变性能而进行的试验。

（13）锚杆蠕变：是指在恒载作用下，锚杆的位移随时间而增加的现象。

2. 基坑工程发展概况

（1）初期：放坡、简易木桩。

（2）20 世纪 20～40 年代：Terzaghi 等人进行深入、系统研究，并著有经典著作《Theoretical Soil Mechanics》、《Soil Mechanics in Engineering Practice》。

（3）20 世纪 50 年代：国外开始出现较多深基坑工程。

（4）20 世纪 80～90 年代：我国开始大量出现深基坑工程，特别是 90 年代发展势头更猛。

（5）深基坑支护技术发展过程：实践→认识→再实践→再认识。

（6）深基坑支护形式的发展过程：放坡→悬臂支护→内支撑（拉锚）→坑壁土体加固（如土钉墙、水泥土挡墙）→复合组合型支护→逆作法。

3. 我国深基坑工程的主要特点

（1）基坑越挖越深。

（2）岩土工程条件越来越差。

（3）周围地表、地下条件越来越苛刻。

（4）支护形式种类繁多。

（5）深基坑工程事故多。

4. 我国深基坑工程存在的主要问题

（1）深基坑支护技术的理论和施工工艺有待尽快发展提高，以适应当前工程的需要。

（2）一些基坑工程设计质量较低，是发生事故的主要原因。

（3）施工较混乱，管理有待进一步加强。

（4）质量检验方面也有不少问题。

（5）基坑工程对工程勘察有特殊要求。

（6）监理工作的问题。

5. 深基坑支护的目的与要求

(1) 确保坑壁稳定，施工安全。

(2) 确保邻近地上、地下建（构）筑物和管线安全。

(3) 有利于土方工程及地下室的建造。

(4) 支护结构施工方便、经济合理。

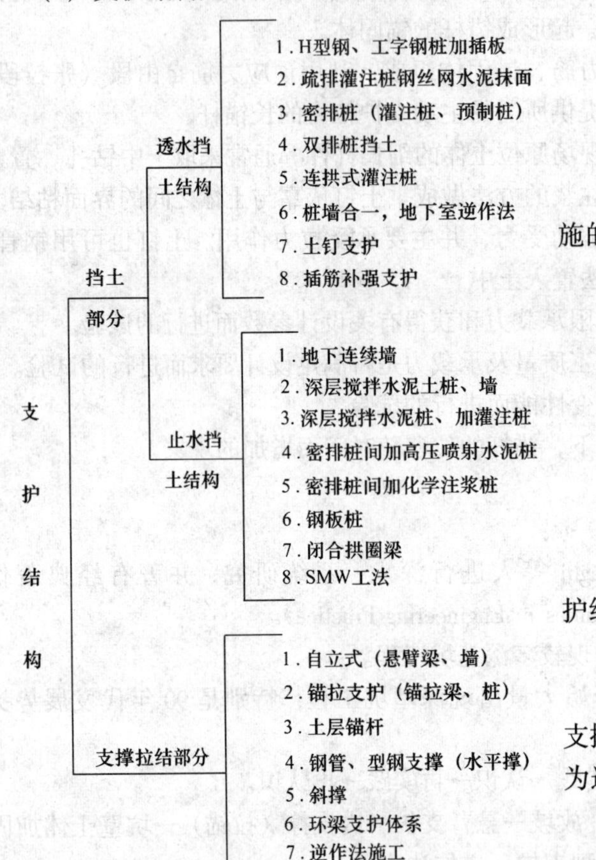


图 3-1　深基坑支护结构分类表

6. 基坑支护体系的选择原则

(1) 安全

1) 支护结构本身安全。

2) 保证基坑开挖、地下室施工顺利。

3) 保证邻近建（构）筑物和市政设施的安全和正常使用。

(2) 经济

1) 支护结构本身的造价经济。

2) 工期合理。

3) 土方工程是否方便。

4) 安全储备是否足够。

(3) 施工便捷程度

1) 方便施工可以降低挖土费用。

2) 方便施工可以缩短工期、提高支护结构的可靠性。

7. 深基坑支护结构分类

深基坑支护结构分挡土（挡水）及支撑（拉结）两部分，而挡土部分又分为透水和止水两种类型，详见图 3-1。

8. 典型支护结构特性及适用条件

空旷场地、土质较好时可优先选择放坡形式的基坑开挖法。除此之外，可按下表 3-5 选择适当的支护结构。

典型支护结构的特征及适用条件　　表 3-5

| 序号 | 挡土结构 | 特　性 | 适宜地质条件 | 防水抗渗 | 施　工 | 造　价 | 工期 | 较适宜采用条件 |
|---|---|---|---|---|---|---|---|---|
| 1 | 钢板桩 | 锁口U形Z形钢板桩整体性、刚度较好，一次投入钢材多 | 软土、淤泥及淤泥质土 | 咬口好，能止水，重复使用时止水较差 | 难以打入砂卵石及砾石层，拔桩留有孔洞需处理，重复使用要修整，施工有振动噪声 | 如能拔出重复用则造价省，否则用钢量大，造价高 | 较长 | 软土、淤泥质土地区，且水位较高多用，并能拔出重复使用，如上海各高层建筑深基础 |

续表

| 序号 | 挡土结构 | 特性 | 适宜地质条件 | 防水抗渗 | 施工 | 造价 | 工期 | 较适宜采用条件 |
|---|---|---|---|---|---|---|---|---|
| 2 | H型钢桩加横挡板 | 整体性差，如各桩间以型钢拉结，则可克服桩与桩间变形不均，一般与锚杆配合拉结，效果好。 | 黏土、砂土、及砂卵石土 | 地下水位高时需降水，抗渗不好 | 打桩有振动噪声，砾石层难施工，拔桩留有孔洞需处理 | H型钢桩须拔出，造价省，否则浪费大 | 较快 | 适于黏土、砂土地区，桩要拔出，如天津使用效果好 |
| 3 | 地下连续墙 | 整体性好，刚度好，可以按平面设计成任何形状，施工较困难，需有泥浆循环处理 | 各种地质、水位条件皆适宜 | 防水抗渗性能好 | 需有大型机械设备，现场筑泥浆循环设施，单元接头要处理好 | 费 | 慢 | 适宜于任何土质和水位，应发挥挡土和抗渗及承重三种功能为佳，北京、上海、广州皆有施工实例 |
| 4 | 桩排式连续墙 | 整体性及刚度较地下连续墙差，但用钻孔机即可施工，简便易行 | 除砾石层外各种土层皆适宜 | 需采用防水抗渗措施，否则止水性差 | 施工机具简单，用钻孔机即可，要增加小桩注化学防水剂，以抗渗 | 省 | 较快 | 适宜挡土、抗渗两种功能的各类土层，上海、广东皆有施工实例 |
| 5 | 间隔钻孔桩加钢丝网水泥墙 | 在桩上必须筑钢筋混凝土连梁以调各桩间的位移变形，并增强整体性能 | 黏土、砂土、粉土及砂卵石，地下水位低的地区 | 地下水位高时需降水，不抗渗 | 施工简单，无振动噪声。基坑浅可按自立（悬臂），深时可与拉梁，锚杆为伍 | 省 | 快 | 在黏土、砂土、粉土地下水位低地区最适宜，施工简单快速，在北京地区大量采用 |
| 6 | 双排桩前排加钢丝网水泥 | 桩上必须筑钢筋混凝土扁圈梁或单桩斜梁拉结，使双排桩顶形成门式，有位移变形小的效果 | 黏土、砂土、粉土及砂卵石，地下水位低的地区 | 地下水位高时需降水，不抗渗 | 施工简单无振动、噪声 | 很省 | 快 | 由于双排桩刚度大，位移小，可用在基坑较深时，不用拉结和锚杆，比单排桩既省且快，是北京地区新发展的挡土结构 |

续表

| 序号 | 挡土结构 | 特　　性 | 适宜地质条件 | 防水抗渗 | 施　　工 | 造　　价 | 工期 | 较适宜采用条件 |
|---|---|---|---|---|---|---|---|---|
| 7 | 桩墙合一半逆做法 | 挡土桩墙必须建在建筑物地下室的轴线上，施工时自上向下，利用地下室梁板作支撑，一层一层向下，半逆作方法 | 黏土、砂土、粉土及砂卵石、地下水位低的地区 | 地下水位高时需降水，抗渗不好 | 施工简单易行，桩及地下墙皆需作防水抗渗措施，挖土作业较困难 | 较省 | 挖土较难，时间较长 | 适宜于防水抗渗要求不高的建筑如地下车库等 |
| 8 | 深层搅拌水泥土挡墙 | 整体性、刚度较好，墙内可加钢筋或劲性工字钢，墙后可按设计确定 | 软土、淤泥质土 | 好 | 需深层搅拌机械，施工较容易 | 墙厚则较费 | | 上海某地下车库挖深5.7~6.7m，墙厚3.2~4.7m |
| 9 | 拱型支挡结构 | 将基坑挡土结构用混凝土拱形结构（闭合拱或非闭合拱）或用搅拌桩、灌注桩形成拱中拱结构,(连拱式）也可形成拱圈与直墙结合的支挡结构 | 砂土、黏土、粉土等 | | 边砌筑边浇注混凝土，边开挖 | 省 | | 深圳一些工程采用此种挡土结构效果好，造价低 |
| 10 | 自立式挡土结构 | 各种挡土结构包括钢板桩、H型钢桩、灌注桩、地下连续墙等，要根据地质条件计算，采用悬臂深入地层嵌固多少，抗弯能力等，是否合适经济，如不宜则需支撑、拉结或用锚杆等 | 软土地区一般悬臂为3m左右，黏土砂土地区可达6m左右 | | 施工比有支撑拉结简单，但灌注桩、双排桩、桩顶要筑连接圈梁 | 较省 | 较快 | 软弱土淤泥土地区用钢板桩，挖深2~3m，用地下连续墙4~5m，黏土砂土地区，用灌注桩悬臂可达6m左右，用双排灌注桩可达8m左右 |
| 11 | 锚杆与挡土结构 | 与挡土结构连接，锚入地下利用地层的锚固力，平衡挡土结构所受的土压力、水压力、用钢筋或钢绞线作主筋 | 软土、淤泥质土锚固力小，砂土砂卵石土锚固力大 | | 要有锚杆机械和灌浆设备 | 较费 | 一层锚杆尚快，多层锚杆较慢 | 适用于各种土层 |

续表

| 序号 | 挡土结构 | 特　性 | 适宜地质条件 | 防水抗渗 | 施　工 | 造　价 | 工期 | 较适宜采用条件 |
|---|---|---|---|---|---|---|---|---|
| 12 | 钢板桩与支撑体系 | 在基坑内支撑有水平横撑和斜撑，常与钢板桩为伍 | 在软土地区使用不能采用锚杆时用钢支撑 | | 支撑施工较困难、挖土也较困难 | 较费 | 长 | 在软土、淤泥质土与钢板桩配合使用，如上海深基坑使用效果较好 |
| 13 | 地面拉结与挡土结构 | 在地面有开阔条件可作，仅能筑一道，一般用钢筋预应力拉紧或用花兰螺丝拉紧 | 砂土、黏土地区较好，软土区差 | | 不用机械设备，较方便 | 较省 | 较快 | 与灌注桩、H型桩配合使用并在地面有较宽阔地拉结 |
| 14 | 逆作法施工 | 以地下室主体工程的梁板作支撑，自上向下施工，挡土墙变形小，安全，省临时支护结构，接头处理较困难 | 各种地质皆适宜 | | 可以立体交叉作业，要筑临时支柱承受上部荷载 | 较省 | 较快 | 逆作法为较先进的施工法，立体交叉作业复杂，事先组织好施工方案的实践，如上海电讯大楼，天津华联商厦工程施工取得较好的效果 |
| 15 | 土钉墙 | 挖一层土做一排土钉，做法与锚杆作业相仿，数量大，要用锚杆机 | 砂土、黏土、粉土等 | | 洛阳铲与专用机具施工，应与挖土配合好 | 省 | 较快 | 适宜土质，采用专用机具施工快，深度可筑到10m，费用省 |

9. 深基坑支护结构方案优选一般程序（图3-2）

## 三、必试项目

对于基坑工程中所涉及到的材料，如，砂、石子、水泥、钢材、石灰、粉煤灰等原材料的质量、检验项目、批量和检验方法，应符合国家现行相关标准的规定，其试验要求同本教材其他有关章节的内容。下面仅就基坑工程中特殊的必作试验加以说明，试验的具体操作方法详见相关规范、规程要求。

1. 土钉抗拔试验

（1）土钉支护施工必须进行土钉的现场抗拔试验，应在专门设置的非工作土钉上进行抗拔试验直至破坏，用来确定极限荷载，并据此估计土钉的界面极限粘结强度。

（2）测试土钉除其总长度和粘结长度可与工作土钉有区别外，应与工作土钉采用相同的施工工艺同时制作，其孔径、注浆材料等参数以及施工方法等应与工作钉完全相同。测试土钉的注浆粘结长度不小于工作土钉的二分之一且不短于5m，在满足钢筋不发生屈服并最终发生拔出破坏的前提下宜取较长的粘结段，必要时适当加大土钉钢筋直径。为消除

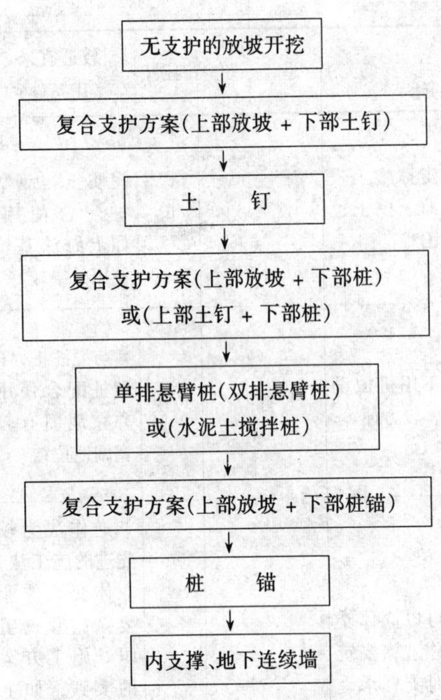

图 3-2　深基坑支护结构方案优选一般程序

加载试验时支护面层变形对粘结界面强度的影响，测试钉在距孔口处应保留不小于 1m 长的非粘结段。在试验结束后，非粘结段再用浆体回填。

(3) 土钉的现场抗拔试验宜用穿孔液压千斤顶加载，土钉、千斤顶、测力杆三者应在同一轴线上，千斤顶的反力支架可置于喷射混凝土面层上，加载时用油压表大体控制加载值并由测力杆准确予以计量。土钉的（拔出）位移量用百分表（精度不小于 0.02mm，量程不小于 50mm）测量，百分表的支架应远离混凝土面层着力点。

2. 锚杆抗拔试验

(1) 基本试验

1) 任何一种新型锚杆或已有锚杆用于未曾应用过的土层时，必须进行基本试验。

2) 用作基本试验的锚杆参数、材料、施工工艺及地层条件必须和工程锚杆相同。为获得锚固体的极限抗拔力，必要时可加大杆体的截面面积。

3) 锚杆极限抗拔试验应采用分级循环加荷，加荷等级与位移的观测时间应符合相关规程的规定。

(2) 蠕变试验

1) 对塑性指数大于 17 的土层中的锚杆、极度风化的泥质岩层中或节理裂隙发育张开且充填有黏性土的岩层中的锚杆，应进行蠕变试验。

2) 锚杆蠕变试验加荷等级与观测时间应满足相关规程的规定，在观测时间内荷载必须保持恒定。

(3) 验收试验

1) 锚杆全部施工完毕后，须做验收试验。

2) 永久性锚杆的最大试验荷载应取锚杆轴向拉力设计值的 1.5 倍；临时性锚杆的最大试验荷载应取锚杆轴向拉力设计值的 1.2 倍。

3) 验收试验对锚杆施加荷载与测读锚头位移应遵守相关规程的规定。

(4) 锚杆预应力的长期监测与控制

1) 永久性锚杆及用于重要工程的临时性锚杆，应对锚杆预应力变化进行长期监测，监测时间不宜少于 12 个月。

2) 锚杆预应力监测应遵守以下规定：

① 宜采用钢弦式压力盒、应变式压力盒、液压式压力盒进行监测。

② 预应力变化值，在最初 10d 应每天记录一次，第 11 天至第 30 天每 10 天记录一次，第 31 天至第 12 个月每 30 天记录一次。

③ 预应力变化值不宜大于锚杆设计轴向拉力值的 10%，必要时可采取重复张拉或适当放松以控制预应力变化。

## 四、取样方法及数量的规定

1. 土钉抗拔试验取样方法及数量的规定

做土钉抗拔试验每一典型土层中至少应有3个专门用于测试的非工作土钉。

2. 锚杆抗拔试验取样方法及数量的规定

（1）基本试验、蠕变试验取样方法及数量的规定

在典型土层中，用作基本试验及蠕变试验的锚杆各不应少于3根。

（2）验收试验取样方法及数量的规定

在典型土层中，验收试验锚杆的数量应取锚杆总数的5%，且不得少于最初施作的3根。

（3）锚杆预应力长期监测与控制的取样方法及数量的规定

对于永久性锚杆或用于重要工程的临时性锚杆的长期监测与控制的数量不应少于锚杆总数的5%～10%。

## 五、试验结果判定

1. 土钉抗拔试验结果判定

（1）根据土钉抗拔试验结果得出的极限荷载，即可算出界面粘结强度的实测值。这一试验平均值应大于设计计算所用标准值的1.25倍，否则应进行反馈修改设计。

（2）极限荷载下的总位移必须大于测试土钉非粘结长度段土钉杆体弹性伸长理论计算值的80%，否则这一测试数据无效。

（3）土钉抗拔试验也可不进行到破坏，但此时所加的最大试验荷载值应使土钉与周围土体之间的界面粘结应力的计算值（按粘结应力沿粘结长度均匀分布算出）超出设计计算所用标准值的1.25倍。

2. 锚杆抗拔试验结果判定

（1）永久性锚杆的最大试验荷载应取锚杆轴向拉力设计值的1.5倍；临时性锚杆的最大试验荷载应取锚杆轴向拉力设计值的1.2倍。

（2）拉力型锚杆在最大试验荷载下所测得的总位移量，应超过该荷载下测试锚杆杆体自由段长度理论弹性伸长值的80%，且小于杆体自由段长度与1/2锚固段长度之和的理论弹性伸长值。

（3）在最后一级荷载作用下1～10min锚杆蠕变量不大于1.0mm，如超过，则6～60min内锚杆蠕变量不大于2.0mm。

# 第三节 桩 基 础

## 一、相关技术标准、规程、规范

1.《建筑桩基技术规范》JGJ 94—94；

2.《建筑基桩检测技术规范》JGJ 106—2003、J 256—2003；

3.《基桩低应变动力检测规程》JGJ/T 93—95；

4.《建筑地基基础设计规范》GB 50007—2002；
5.《建筑地基基础工程施工质量验收规范》GB 50202—2002；
6.《挤扩支盘灌注桩技术规程》CECS 192:2005；
7.《复合载体夯扩桩设计规程》JGJ/T 135—2001、J 121—2001；
8.《灌注桩基础技术规程》YSJ 212—92、YBJ 42—92；
9.《岩土工程验收和质量评定标准》YB 9010—98。

## 二、基本概念

1. 基础的分类

基础按埋置深度可分为浅基础、深基础两种类型。

(1) 浅基础：埋置深度小于5m的基础。

(2) 深基础：埋置深度大于5m的基础为深基础，其可分为以下六种类型：

1) 桩基础；
2) 墩基础；
3) 沉井基础；
4) 筏形基础；
5) 箱形基础；
6) 地下连续墙。

(3) 浅基础与深基础的比较：

1) 深基础的承载力大；
2) 深基础采用特殊方法进行施工；
3) 深基础造价高；
4) 深基础施工周期长；
5) 深基础的施工技术复杂，需专门技术人员负责施工及检测。

(4) 墩基础与桩基础的主要区别：

1) 桩是一种长细的地下结构物，而墩的断面尺寸一般较大，长细比则较小；
2) 墩不能以打入或压入法施工；
3) 墩往往单独承担荷载，且其承载力比桩高得多；
4) 墩的荷载分担与传力机理与桩有所不同。

2. 桩基础概念及其应用范围

(1) 桩基础概念

桩是一种人为在地基中设置的柱形构件，单根或数根桩与连接桩顶的承台一起构成桩基础，其作用是将上部结构的荷重通过上部软弱土层和易压缩性土层传给深层强度高、压缩性小的土层或岩层。

(2) 桩基础应用范围

桩基础可应用于工业与民用建筑、铁路、公路路基、重型设施设备、滑坡防治、大型塔基、水上建筑基础等各个建设领域。

3. 桩基础分类

(1) 按承台高低分

1）高承台桩基础：指承台底与地面不接触（在冲刷线以上）的桩基。

2）低承台桩基础：指承台底在地面以下，与地基土（冲刷线）接触的桩基。

（2）按桩身材料分

1）木桩；

2）钢桩；

3）混凝土桩；

4）钢筋混凝土桩。

（3）按作用机理分

1）摩擦桩；

2）端承桩；

3）端承—摩擦桩；

4）摩擦—端承桩；

5）嵌岩桩。

（4）按桩径大小分

1）小桩：$d \leqslant 250mm$；

2）中等直径桩：$250mm < d < 800mm$；

3）大直径桩：$d \geqslant 800mm$。

（5）按施工方法分

1）预制桩；

2）灌注桩。

（6）灌注桩的类型

1）挤土灌注桩

冲挤压成孔灌注桩、沉管灌注桩、夯扩灌注桩、旋转挤压灌注桩、锥形灌注桩、挤扩支盘灌注及桩端、桩侧压浆钻孔灌注桩。

2）非挤土灌注桩

① 干法作业：螺旋钻孔灌注桩、人工挖孔灌注桩、冲抓成孔灌注桩、扩底灌注桩。

② 泥浆护壁：旋挖成孔灌注桩、冲抓成孔灌注桩、潜水钻成孔灌注桩及正、反循环回转钻孔灌注桩。

③ 套管护壁：全套管施工法（贝诺特灌注桩）。

（7）按桩的工作特性分：普通桩（基础桩）、抗震桩、减沉桩、护坡桩、抗拔桩、岩石锚桩、树根桩。

（8）按桩的垂直度分：直桩、单向斜桩、多向斜桩。

## 三、必试项目

对于桩基础工程中所涉及到的材料，如，砂、石子、水泥、钢材、石灰、粉煤灰等原材料的质量、检验项目、批量和检验方法，应符合国家现行相关标准的规定，其试验要求同本教材其他有关章节的内容。下面仅就建筑工程中的桩基础必作的试验加以说明，试验的具体操作方法详见相关规范、规程要求。

桩基础工程必作的检测一般有静力载荷试验、高应变动力测试或低应变动力测试三种主要试验。

1. 静力载荷试验

一般情况下，在正式的桩基础工程施工前，设计人员根据工程情况要求先做试验桩，通过对试验桩进行静力载荷试验所获得的承载力等相应的数据，再确定整个工程的桩型、规格和用桩数量。目前，静力载荷试验精度较高，是一种比较实际直观的试验方法。静力载荷试验就是用千斤顶或压铁等其他重物体，直接将荷重作用于桩顶，实测桩的承载力。但静力载荷试验的费用较大，加设承重物或采用相应的锚桩时需配置吊车等必要的起重机具，试验时间也较长。

2. 高应变动力测试

(1) 高应变动力测试方法较多，主要是通过在桩顶沿桩体的轴向施加一个冲击力使桩产生足够的贯入度，实测桩体表现出的应力和速度曲线，通过分析曲线形状，判定桩基础的单桩承载力和评估桩身完整性。现场所测的应力曲线和速度曲线是地基土对桩身产生桩侧阻力及端阻力的真实反映，不同的曲线特征反映了不同的桩身质量和桩基础的承载力。

(2) 进行灌注桩的竖向抗压承载力检测时，应具有现场实测经验和本地区相近条件下的可靠对比验证资料。

(3) 对于大直径扩底桩和 $Q \sim s$ 曲线具有缓变型特征的大直径灌注桩，不宜采用本方法进行竖向抗压承载力检测。

3. 低应变动力测试

低应变动力测试方法较多，常用的方法有弹性波反射法、机械阻抗法等。低应变动力测试就是通过桩顶承受能量冲击后，由加速度或速度传感器实测出反射波的速度曲线和应力曲线，根据分析波形、曲线形状及相应计算就可判断桩的缺陷位置及类型。

## 四、取样方法及数量的规定

1. 静力载荷试验取样方法及数量的规定

对于地基基础设计等级为甲级或地质条件复杂，成桩质量可靠性低的桩基础、特别是灌注桩，应采用静载荷试验的方法进行检验，随机抽查检验的桩数不应少于总桩数的1%，且不应少于3根，当总桩数少于50根时，不应少于2根。

2. 高、低应变动力测试取样方法及数量的规定

对设计等级为甲级或地质条件复杂，成桩质量可靠性低的灌注桩，抽检数量不应少于总数的30%，且不应少于20根；其他桩基工程的抽检数量不应少于总数的20%，且不应少于10根；对混凝土预制桩及地下水位以上且终孔后经过核验的灌注桩，检验数量不应少于总桩数的10%，且不得少于10根。每个柱子承台下不得少于1根。

## 五、试验结果判定

1. 静力载荷试验结果判定

单桩静力载荷试验应明确给出每根桩的单桩竖向承载力特征值，根据该单桩竖向承载力特征值并结合整个工程桩身完整性检测结果，给出该单位工程同一条件下的单桩竖向承载力特征值是否满足设计要求的结论。若不满足，就须采取合适的补救方案，如补桩等措施。

2. 高应变动力测试结果判定

（1）高应变动力测试结果判定单桩承载力

1）本方法对单桩承载力的统计和单桩竖向抗压承载力特征值的确定应符合下列规定：

① 参加统计的试桩结果，当满足其极差不超过平均值的30%时，取其平均值为单桩承载力统计值；

② 当极差超过30%时，应分析极差过大的原因，结合工程具体情况综合确定。必要时可增加试桩数量；

③ 单位工程同一条件下的单桩竖向抗压承载力特征值 $R_a$ 应按本方法得到的单桩承载力统计值的一半取值。

2）当出现下列情况之一时，高应变锤击信号不得作为承载力分析计算的依据：

① 传感器安装处混凝土开裂或出现严重塑性变形使力曲线最终未归零；

② 严重锤击偏心，两侧力信号幅值相差超过1倍；

③ 触变效应的影响，预制桩在多次锤击下承载力下降；

④ 四通道测试数据不全。

3）由高应变动力测试结果判定单桩承载力时，可采用凯司法或实测曲线拟合法判定单桩承载力。采用凯司法、实测曲线拟合法判定单桩承载力的具体方法详见相关规范、规程中的有关条款。

4）承载力分析计算前，应结合地质条件、设计参数，对实测波形特征进行定性检查：

① 实测曲线特征反映出的桩承载性状；

② 观察桩身缺陷程度和位置，连续锤击时缺陷的扩大或逐步闭合情况。

5）本方法对单桩承载力的统计和单桩竖向抗压承载力特征值的确定应符合下列规定：

① 参加统计的试桩结果，当满足其极差不超过平均值的30%时，取其平均值为单桩承载力统计值；

② 当极差超过30%时，应分析极差过大的原因，结合工程具体情况综合确定。必要时可增加试桩数量；

③ 单位工程同一条件下的单桩竖向抗压承载力特征值 $R_a$ 应按本方法得到的单桩承载力统计值的一半取值。

（2）高应变动力测试结果判定桩身完整性

1）采用实测曲线拟合法判定桩身完整性时，拟合所选用的桩土参数应符合相关规范中有关条款的规定；根据桩的成桩工艺，拟合时可采用桩身阻抗拟合或桩身裂隙（包括混凝土预制桩的接桩缝隙）拟合。

2）对于等截面桩，可按桩身完整性系数 $\beta$、并结合经验判定出桩的类别。桩身完整性系数 $\beta$ 的计算方法详见相关规范中有关条款的规定。

3）对于桩身有扩径的桩、桩身截面渐变或多变的混凝土灌注桩、力和速度曲线在峰值附近比例失调且桩身浅部有缺陷的桩以及锤击力波上升缓慢、力与速度曲线比例失调的桩，其桩身完整性判定宜按工程地质条件和施工工艺，结合实测曲线拟合法或其他检测方法综合进行。

（3）低应变动力测试结果判定桩身完整性

1）低应变动力测试结果是由弹性波的波形曲线来反映的。桩身完整性类别应结合缺陷出现的深度、测试信号衰减特性以及设计桩型、成桩工艺、地质条件、施工情况，按实测时域或幅频信号特征、并结合有关规范的相关规定进行综合分析判定，然后给出桩身完整性类别。

2）对于混凝土灌注桩，采用时域信号分析时应区分桩身截面渐变后恢复至原桩径并在该阻抗突变处的一次反射，或扩径突变处的二次反射，结合成桩工艺和地质条件综合分析判定受检桩的完整性类别。必要时，可采用实测曲线拟合法辅助判定桩身完整性或借助实测导纳值、动刚度的相对高低辅助判定桩身完整性。

3）对于嵌岩桩，桩底时域反射信号为单一反射波且与锤击脉冲信号同向时，应采取其他方法核验桩端嵌岩情况。

4）出现下列情况之一，桩身完整性判定宜结合其他检测方法进行：

① 实测信号复杂，无规律，无法对其进行准确评价。

② 桩身截面渐变或多变，且变化幅度较大的混凝土灌注桩。

## 第四节　地　基　处　理

### 一、相关技术标准、规程、规范

1.《建筑地基处理技术规范》JGJ 79—2002；

2.《建筑基桩检测技术规范》JGJ 106—2003、J 256—2003；

3.《建筑地基基础设计规范》GB 50007—2002；

4.《建筑地基基础工程施工质量验收规范》GB 50202—2002；

5.《混凝土水池软弱地基处理设计规范》CECS 86:96；

6.《孔内深层强夯法技术规程》CECS 197:2006；

7.《岩土工程验收和质量评定标准》YB 9010—98；

8.《软土地基深层搅拌加固法技术规程》YBJ 225—91；

9.《粉体喷搅法加固软弱土层技术规范》TB 10113—96。

### 二、基本概念

1. 地基

建筑物一般都建造在地层之上，支承建筑物全部重量的那部分地层称为建筑物的地基。在平原地区，由于基岩埋藏较深，地表第四纪覆盖土层较厚，因此建筑物常建造在由土构成的地基之上，这种地基称为土基。在丘陵地带和山区，由于基岩埋藏较浅，甚至裸露于地表，因此建筑物将建造在由岩石构成的地基之上，这种地基称为岩基。

2. 基础

为了安全地将建筑物全部重量传给地基，就需要将建筑物底部与地基接触部分的尺寸适当扩大，这个被扩大的部分就称为建筑物的基础。例如墙下扩大部分称为墙基，柱下扩大部分称为柱基。可见，基础是建筑物结构的一个组成部分，基础与建筑物的上部结构是连在一起的。

3. 建筑物对地基的要求

(1) 地基强度

在建（构）筑物荷载（包括静力荷载和动力荷载）作用下，地基承载力须满足建（构）筑物的荷重要求，地基不得产生局部或整体剪切破坏。

(2) 地基变形

在荷载（包括静力荷载和动力荷载）作用下，地基产生变形。当建（构）筑物沉降、水平位移或不均匀沉降超过允许值时将会影响建（构）筑物的正常使用，甚至可能引起破坏。建筑物沉降较大时往往不均匀沉降也比较大。不均匀沉降对建筑物的危害最大。湿陷性黄土遇水发生剧烈的变形、膨胀土遇水膨胀及失水收缩等也可包括在内。

(3) 渗流问题

地基中地下水的渗流量或水力比降超过其允许值时，会发生较大水量损失，或因潜蚀和管涌使地基失稳。

4. 天然地基

当浅基础或部分深基础（如筏形基础、箱形基础类）底面直接置放在由物理、力学性状较好的天然沉积（堆积）的土层组成的地基上时，其也能满足建筑物对地基的要求，不致于出现强度、变形或渗流方面的隐患问题，这样的地基称为天然地基。

5. 软弱地基（或不良地基）

不能满足建（构）筑物对地基要求的天然地基称为软弱地基或不良地基。天然地基是否属于软弱地基或不良地基是相对的。天然地基是否需要进行地基处理取决于地基能否满足建筑物对地基的要求（稳定、变形和渗流）。当天然地基不能满足建筑物对地基的要求时，就需要采用桩基础或进行地基处理。

对软弱地基究竟采用桩基础或进行地基处理，主要是根据建筑物的安全使用要求、经济、施工便捷程度、环保等各方面因素决定的。一般认为，建筑物对地基的要求很高时常采用桩基础；建筑物对地基的要求略有降低时可采用地基处理的方法对地基进行加固。

6. 常见软弱地基（或不良地基）类型

我国地域辽阔，分布土层多种多样，其抗剪强度、压缩性和透水性等因土的种类不同差别很大。各种地基中不少为软弱土和不良土，如软黏土、杂填土、冲填土、红黏土、多年冻土、岩溶洞等。

(1) 软黏土

主要是第四纪后期形成的海相、泻湖相及三角洲相等的黏性土沉积物或河流冲击物，也属于新近淤积物。其天然含水量大于液限，天然孔隙比大于1。当天然孔隙比大于1.5时称为淤泥；当天然孔隙比大于1小于1.5时称为淤泥质土。

软黏土主要特点为天然含水量高、天然孔隙比大、抗剪强度低、压缩系数高、渗透系数小。在荷载作用下，地基承载力低、变形大，容易产生较大的不均匀沉降、且沉降稳定历时比较长。广泛分布在我国沿海及内地：如天津、连云港、上海、杭州、宁波、温州、福州、厦门、湛江、广州等沿海地区，昆明、武汉、南京等内地地区。

(2) 杂填土

是人类活动所形成的无规则堆积物，由大量建筑垃圾、工业废料或生活垃圾组成，其成分复杂，性质也不相同且无规律。在大多数情况下，杂填土是比较松散和不均匀的，在同一场地的不同位置，其地基承载力和压缩性也可能有较大的差异。

（3）冲填土

是由水力冲填泥沙形成的。冲填土的性质与所冲填的泥沙的来源及冲填时的水力条件有密切关系。含黏土颗粒较多的冲填土往往是欠固结的，其强度和压缩性指标都比同类天然沉积土差。粉细砂为主的冲填土其性质基本上和粉细砂相同。

（4）湿陷性黄土

湿陷性黄土是指在覆盖土层的自重应力或自重应力和建筑物附加应力综合作用下，受水浸湿后土的结构迅速破坏，并发生显著的附加下沉，其强度也随着迅速降低的黄土。由于黄土湿陷而引起建筑物不均匀沉降是造成黄土地区事故的主要原因。

因大面积地下水位上升等原因，部分湿陷性黄土饱和度达到80%以上，黄土湿陷性消退，转变为低承载力（小于100kPa）和高压缩性饱和黄土。饱和黄土既不同于软黏土也不属于湿陷性黄土，它兼具二者特性，这类地基的处理问题逐渐增多。黄土在我国特别发育，地层种类多、厚度大，广泛分布在甘肃、陕西、山西大部分地区，以及河南、河北、山东、宁夏、辽宁、新疆等部分地区。

（5）饱和粉细砂及部分粉土

在静载作用下具有较高的强度，但在机器振动、车辆荷载、波浪或地震力的反复作用下可能产生液化或大量震陷变形，地基会因液化而失去承载力。

（6）泥炭土

在潮湿和缺氧环境中未经充分分解的植物遗体堆积而成的一种有机质土，有机质含量大于60%，其含水量极高，压缩性很大且不均匀，一般不宜作天然地基，需进行处理。

（7）多年冻土

指温度连续3年或3年以上保持在0℃或0℃以下，并含有冰的土层，多年冻土的强度和变形有许多特殊性，如冻土中有冰和未冻水，在长期荷载作用下有强烈的流变性。

（8）膨胀土

是指黏粒成分主要由亲水性黏土矿物（如蒙脱石）组成的黏性土，在环境（如温度和湿度）变化时可产生强烈的膨胀变形。膨胀土在我国分布范围很广，如广西、云南、湖北、河南、安徽、四川、河北、山东、陕西、江苏、内蒙古、贵州和广东等地均有不同范围的分布。

（9）盐渍土

将易溶盐含量超过0.3%的土称为盐渍土。盐渍土的特点有：

1）遇水溶解后，物理力学性质均发生变化，强度降低。

2）地基浸水后因盐溶解而产生地基溶陷。

3）某些盐渍盐（如含 $Na_2SO_4$）温度和湿度变化时会发生体积膨胀。

我国盐渍盐主要分布在西北干旱地区的新疆、青海、甘肃、宁夏、内蒙古等地势低平的盆地和平原地区。

（10）岩溶

岩溶就是石灰岩、白云岩、泥灰岩、大理岩、岩盐、石膏等可溶性岩层受水的化学和机械作用而形成的溶洞、溶沟、裂隙以及由于溶洞的顶板塌落使地表产生陷穴、洼地等现象和作用的总称。土洞是岩溶地区上覆土层被地下水冲蚀或被地下水潜蚀所形成的洞穴。土洞和岩溶对结构物影响很大，可能造成地面变形、地基塌陷，发生水的渗漏和涌水现象。

(11) 山区地基

地质条件比较复杂，主要表现为地基的不均匀和场地的稳定性两个方面。基岩面起伏较大，时有滑坡、崩塌和泥石流等自然灾害发生。

7. 地基处理

地基处理就是为提高地基承载力，改善其变形性质或渗透性质而采取的人工处理地基的方法。因地基处理的费用一般较桩基础的费用低一些，所以在采用地基处理能满足建筑物荷重对地基的要求（稳定、变形和渗流）时，应首先考虑采用地基处理以形成人工地基。客观上，目前在满足建筑物使用功能的前提下设计地基基础时，优化选择的顺序一般为：浅基础、天然地基→浅基础、天然地基→深基础（如筏形基础）、人工地基→深基础（如筏形基础）、桩基础。

8. 地基处理方法分类

(1) 地基处理方法按加固原理可分为以下几种类型：

1) 置换：换土垫层法、挤淤置换法、褥垫法、振冲置换法、强夯置换法、砂石桩置换法、石灰桩法、EPS超轻质料填土法。

2) 排水固结：加载预压法、超载预压法、真空预压法、降低地下水位法、电渗法、真空预压与堆载联合法。

3) 灌入固化物：深层搅拌法、高压喷射注浆法、渗入性注浆法、劈裂注浆法、电动化学注浆法、压密注浆法。

4) 振密、挤密：表层原位压实法、强夯法、振冲密实法、挤密砂石桩法、土（灰土）桩法、夯实水泥土桩法、爆破挤密法、孔内夯扩桩法。

5) 加筋：加筋土法、锚固法、树根桩法、低强度混凝土桩复合地基法、钢筋混凝土桩复合地基法。

6) 冷热处理：冻结法、烧结法。

7) 托换：基础加宽托换法、墩式托换法、桩式托换法、地基加固托换法、综合托换法。

8) 纠倾：加载迫降法、掏土迫降法、黄土浸水迫降法、顶升纠倾法、综合纠倾法。

(2) 地基处理方法按化学作用可分为以下三种类型：

1) 物理处理；

2) 化学处理；

3) 生物处理。

(3) 地基处理方法按处理位置可分为以下三种类型：

1) 浅层处理；

2) 深层处理；

3) 斜坡面土层处理。

(4) 地基处理方法按有效期可分为以下二种类型：

1) 临时性处理；

2) 永久性处理。

9. 复合地基概念及特点

(1) 复合地基概念

复合地基指天然地基在处理过程中部分土体得到增强、或被置换、或在天然地基中设置加筋材料，加固区是由基体（天然地基土体）和增强体两部分组成的人工地基。

(2) 复合地基特点

加固区是由基体和增强体两部分组成，是非均质和各向异性的。在荷载作用下，基体和增强体共同起承担荷载的作用。

10. 复合地基分类

(1) 竖向增强体复合地基：

竖向增强体复合地基分为：散体材料桩复合地基；柔性桩复合地基；刚性桩复合地基。

(2) 水平向增强体复合地基。

## 三、必试项目

对于地基处理中所涉及到的材料，如，砂、石子、水泥、钢材、石灰、粉煤灰等原材料的质量、检验项目、批量和检验方法，应符合国家现行相关标准的规定，其试验要求同本教材其他有关章节的内容。下面仅就地基处理中特殊的必作试验加以说明。

1. 换填或改良地基必试项目

(1) 换填垫层地基，如灰土地基、砂和砂石地基、土工合成材料地基、粉煤灰地基，施工时每层必须测定压实系数。垫层的施工质量检验必须分层进行，应在每层的压实系数符合设计要求后铺填上层土。对粉质黏土、灰土、粉煤灰和砂石垫层的施工质量检验，也即压实系数的检验可用环刀法、贯入仪、静力触探、轻型动力触探或标准贯入试验检验；对砂石、矿渣垫层可用重型动力触探检验。当通过现场试验对换填垫层地基的施工质量进行检验时，均应以设计压实系数所对应的贯入度为标准检验垫层的施工质量。压实系数也可采用环刀法、灌砂法、灌水法或其他方法检验。

(2) 改良地基，如强夯地基、注浆地基、预压地基竣工验收时，应采用载荷试验检验垫层承载力。

2. 复合地基必试项目

(1) 复合地基，如水泥土搅拌桩复合地基、高压喷射注浆桩复合地基、砂桩地基、振冲桩复合地基、土和灰土挤密桩复合地基、水泥粉煤灰碎石桩复合地基及夯实水泥土桩复合地基竣工验收时，承载力检验应采用复合地基载荷试验。

(2) 对桩身应进行低应变动力试验，以检测桩身完整性。

## 四、取样方法及数量的规定

1. 换填或改良地基检测取样方法及数量的规定

(1) 对灰土地基、砂和砂石地基、土工合成材料地基、粉煤灰地基、强夯地基、注浆地基、预压地基，其竣工后的结果（地基强度或承载力）必须达到设计要求的标准。检验数量，每单位工程不应少于 3 点，1000$m^2$以上工程，每 100$m^2$至少应有 1 点，3000$m^2$以上工程，每 300$m^2$至少应有 1 点。每一独立基础下至少应有 1 点，基槽每 20 延米应有 1 点。

采用环刀法检验垫层的施工质量时，取样点应位于每层厚度的 2/3 深度处。检验点数量，对大基坑每 50~100m²不应少于 1 个检验点；对基槽每 10~20m 不应少于 1 个点；每个独立柱基不应少于 1 个点。

采用贯入仪或动力触探检验垫层的施工质量时，每分层检验点的间距应小于 4m。

(2) 竣工验收采用载荷试验检验垫层承载力时，每个单体工程不宜少于 3 点；对于大型工程则应按单体工程的数量或工程的面积确定检验点数。

2. 复合地基检测取样方法及数量的规定

(1) 复合地基载荷试验应在桩身强度满足试验荷载条件时，并宜在施工结束 28d 后进行。对水泥土搅拌桩复合地基、高压喷射注浆桩复合地基、砂桩地基、振冲桩复合地基、土和灰土挤密桩复合地基、水泥粉煤灰碎石桩复合地基及夯实水泥土桩复合地基，其承载力检验，数量为总数的 0.5%~1%，但不应少于 3 处。有单桩强度检验要求时，数最为总数的 0.5%~1%，但不应少于 3 根。

(2) 对桩身进行低应变动力试验、以检测桩身完整性时，应抽取不少于总桩数的 10%的桩进行低应变动力试验。

## 五、试验结果判定

1. 换填垫层地基试验结果判定

(1) 换填垫层地基的检验应以压实标准，即压实系数 $\lambda_c$ 来判定。表 3-6 为各种类型垫层的压实标准。

**各种类型垫层的压实标准** **表 3-6**

| 施工方法 | 换填材料类别 | 压实系数 $\lambda_c$ |
| --- | --- | --- |
| 碾压、振密或夯实 | 碎石、卵石 | 0.94~0.97 |
| | 砂夹石（其中碎石、卵石占全重的 30%~50%） | |
| | 土夹石（其中碎石、卵石占全重的 30%~50%） | |
| | 中砂、粗砂、砾砂、角砾、圆砾、石屑 | 0.94~0.97 |
| | 粉质黏土 | |
| | 灰　土 | 0.95 |
| | 粉煤灰 | 0.90~0.95 |

(2) 压实系数 $\lambda_c$ 为土的控制干密度 $\rho_d$ 与最大干密度 $\rho_{dmax}$ 的比值；土的最大干密度宜采用击实试验确定，碎石或卵石的最大干密度可取 2.0~2.2t/m³。

(3) 当采用轻型击实试验时，压实系数 $\lambda_c$ 宜取高值，采用重型击实试验时，压实系数 $\lambda_c$ 可取低值。

(4) 矿渣垫层的压实指标为最后二遍压实的压陷差小于 2mm。

2. 复合地基检测试验结果判定

(1) 复合地基采用载荷试验检验承载力是否满足设计要求时，应在桩身强度满足试验荷载条件时（一般宜在施工结束 28d 后）进行。

(2) 当复合地基承载力不能满足设计要求时，一般应采取补桩措施进行处理。

(3) 复合地基中的桩身完整性判定，一般采用低应变动力测试结果来判定桩身完整性。

# 第四章 装饰装修部分

## 第一节 陶 瓷 砖

### 一、相关的标准、规范、规程

1.《陶瓷砖》GB/T 4100—2006;

2.《陶瓷砖试验方法 第1部分：抽样和接收条件》GB/T 3810.1—2006;

3.《陶瓷马赛克》JC/T 456—2005;

4.《建筑装饰装修工程质量验收规范》GB 50210—2001;

5.《建筑工程资料管理规程》DBJ 01—51—2003;

6.《陶瓷砖和卫生陶瓷分类及术语》GB/T 9195—1999;

7.《外墙饰面砖工程施工及验收规程》JGJ 126—2000;

8.《挤压陶瓷砖 第1部分：瓷质砖（吸水率 $E \leqslant 0.5\%$）》JC/T 457.1—2002;

9.《挤压陶瓷砖 第2部分：炻瓷砖（吸水率 $0.5\% < E \leqslant 3\%$）》JC/T 457.2—2002。

### 二、基本概念

1. 陶瓷砖定义

陶瓷砖：由黏土或其他无机非金属材料，经成型、烧结等工艺处理，用于装饰与保护建筑物、建筑物墙面及地面的板状或块状陶瓷制品。

2. 陶瓷砖的分类

(1) 瓷质砖：吸水率不超过0.5%的陶瓷砖；

(2) 炻瓷砖：吸水率大于0.5%，不超过3%的陶瓷砖；

(3) 细炻砖：吸水率大于3%，不超过6%的陶瓷砖；

(4) 炻质砖：吸水率大于6%，不超过10%的陶瓷砖；

(5) 陶质砖：吸水率大于10%的陶瓷砖，正面施釉的也可称为釉面砖；

(6) 干压陶瓷砖：将坯粉置于模具中高压下压制成型的陶瓷砖；

(7) 挤压砖：将可塑性坯料经过挤压机挤出，再将所成型的泥条，按砖的预定尺寸进行切割的陶瓷砖；

(8) 陶瓷：用于装饰与保护建筑物地面及墙面的由多块小砖（表面面积不大于55$cm^2$）拼贴成联的陶瓷砖（也称马赛克）；

(9) 劈离砖：由挤出法成型为两块背面相连的砖坯，经烧成后敲击分离而成的陶瓷砖。

### 三、试验项目

1. 外墙砖必试项目

(1) 吸水率；

(2) 抗冻性（寒冷地区）。

2. 地砖试验项目（无必试项目）

(1) 吸水率；

(2) 抗冻性；

(3) 耐磨性；

(4) 摩擦系数；

(5) 耐急冷急热性；

(6) 耐化学腐蚀。

**四、取样方法和数量**

1. 干压陶瓷砖

(1) 以同一生产厂、同一产品、同一级别、同一规格、实际的交货量大于 5000m² 为一批，不足 5000m² 亦为一批。

(2) 吸水率试验试样：每种类型的砖用 10 块整砖测试。

① 如每块砖的表面积大于 0.04m² 时，只需 5 块整砖做测试；

② 如每块砖的表面积大于 0.16m² 时，至少在 3 块整砖的中间部位切割最小边长为 100mm 的 5 块试样；

③ 如每块砖的质量小于 50g，则需足够数量的砖使每种测试样品达到 50 ~ 100g；

④ 砖的边长大于 200mm 时，可切割成小块，但切割下的每一块应计入测量值内。多边形和其他非矩形砖，其长和宽均按矩形计算。

(3) 抗冻性试验试样：不少于 10 块整砖，其最小面积为 0.25m²。砖应没有裂纹、釉裂、针孔、磕碰等缺陷。

(4) 耐磨性：11 块整砖。

(5) 摩擦系数：12 块整砖。

(6) 耐化学腐蚀：5 块整砖。

2. 陶瓷锦砖

(1) 以同一生产厂、同品种、同色号的产品 25 ~ 300 箱为一验收批，小于 25 箱时，由供需双方商定；

(2) 从每验收批中抽取 3 箱，然后再从 3 箱中抽取吸水率、耐急冷急热性试件各 5 个。

**五、陶瓷砖技术指标**（表 4-1）

**陶瓷砖技术指标** **表 4-1**

| 陶瓷砖种类 | 吸水率平均值 *E*（%） | 抗冻性 |
|---|---|---|
| 瓷质砖 | $E \leqslant 0.5$，单个值不大于 0.6 | 经抗冻性后应无裂纹或剥落 |
| 炻瓷砖 | $0.5 < E \leqslant 3$，单个值不大于 3.3 | 经抗冻性后应无裂纹或剥落 |
| 细炻砖 | $3 < E \leqslant 6$，单个值不大于 6.5 | 经抗冻性后应无裂纹或剥落 |
| 炻质砖 | $6 < E \leqslant 10$，单个值不大于 11 | 经抗冻性后应无裂纹或剥落 |
| 陶质砖 | $E > 10$ | 经抗冻性后应无裂纹或剥落 |
| 陶瓷锦砖 | 无釉陶瓷锦砖：不大于 0.2%<br>有釉陶瓷锦砖：不大于 1.0% | 经抗冻性后应无裂纹或剥落 |

## 六、取样

按标准方法制备试样及取样。

# 第二节　天然石材

## 一、相关的标准、规范、规程

1.《建筑装饰装修工程质量验收规范》GB 50210—2001；

2.《民用建筑工程室内环境污染控制规范》GB 50325—2001；

3.《住宅装饰装修工程施工规范》GB 50327—2001；

4.《民用建筑工程室内环境污染控制规程》DBJ01—91—2004；

5.《天然花岗石建筑板材》GB/T 18601—2001；

6.《天然大理石建筑板材》JC/T 79—2001；

7.《天然饰面石材试验方法第 1 部分：干燥、水饱和、冻融循环后压缩强度试验方法》GB/T 9966.1—2001；

8.《天然饰面石材试验方法第 2 部分：干燥、水饱和弯曲强度试验方法》GB/T 9966.2—2001；

9.《天然饰面石材试验方法第 3 部分：体积密度、真密度、真气孔率、吸水率试验方法》GB/T 9966.3—2001；

10.《建筑材料放射性核素限量》GB 6566—2001。

## 二、试验项目

1. 必试项目

（1）放射性元素含量（室内用板材）；

（2）弯曲强度（石材幕墙工程）；

（3）冻融循环（石材幕墙工程）。

2. 其他项目

（1）吸水率；

（2）体积密度。

## 三、取样方法和数量规定

1. 组批

以同一厂家生产的同一品种、同一类型、同一等级的板材为一批。

2. 取样方法

（1）放射性元素含量试样应从外观质量，尺寸偏差检验合格的板材中随机抽取样品两份，每份不少于 3kg。一份密封保存，另一份作为检验样品。

（2）弯曲强度试样

① 试样不得有裂纹、缺棱和缺角；

② 取样数量为10块，其中干燥弯曲强度、水饱和弯曲强度各5块；

③ 试样尺寸：当试样厚度（$H$）小于等于68mm时，试样宽度为100mm；当试样厚度大于68mm时，试样宽度为$1.5H$。试样长度为$10 \times H + 50$mm。尺寸偏差为±1mm。

（3）冻融循环试样数量为5块，试样尺寸同弯曲强度。

（4）吸水率、体积密度试样数量分别为5块，试样不允许有裂纹。试样尺寸为50mm×50mm×板材厚度，尺寸偏差为±0.5mm。

## 四、性能指标

1. 放射性指标（表4-2）

**放射性指标** **表4-2**

| 测定项目 | 限量 | |
|---|---|---|
| | A | B |
| 内照射指数（$I_{Ra}$） | ≤1.0 | ≤1.3 |
| 外照射指数（$I_r$） | ≤1.3 | ≤1.9 |

注：装修材料根据放射性水平大小分为A类、B类、C类，其中C类不满足A类、B类要求，但$I_r \leq 2.8$，C类只可用于建筑物外饰面及室外其他用途。

2. 天然大理石物理性能指标（表4-3）

3. 天然花岗石物理性能指标（表4-4）

**天然大理石物理性能指标** **表4-3**

| 项目 | | 指标 |
|---|---|---|
| 体积密度（g/cm³）≥ | | 2.60 |
| 吸水率（%）≤ | | 0.50 |
| 干燥压缩强度（MPa）≥ | | 50.0 |
| 干燥 | 弯曲强度（MPa）≥ | 7.0 |
| 水饱和 | | |

**天然花岗石物理性能指标** **表4-4**

| 项目 | | 指标 |
|---|---|---|
| 体积密度（g/cm³）≥ | | 2.56 |
| 吸水率（%）≤ | | 0.60 |
| 干燥压缩强度（MPa）≥ | | 100.0 |
| 干燥 | 弯曲强度（MPa）≥ | 8.0 |
| 水饱和 | | |

## 五、结果评定

1. 放射性指标：以一次检测结果判定满足A类或B类或C类。

2. 天然大理石物理性能指标：以各项性能检测结果的平均值作为评定值，其中有一项指标不符合要求时，则判定该批产品为不合格品。

3. 天然花岗石物理性能指标：以各项性能检测结果的平均值作为评定值，其中有一项指标不符合要求时，则判定该批产品为不合格品。

# 第三节 装饰装修用各种木类人造板材

## 一、相关的标准、规范、规程

1.《装饰单板贴面人造板》GB/T 15104—94；

2.《建筑装饰装修工程质量验收规范》GB 50210—2001；

3.《民用建筑工程室内环境污染控制规范》GB 50325—2001；
4.《住宅装饰装修工程施工规范》GB 50327—2001；
5.《细木工板》GB 5849—1999；
6.《木结构工程施工质量验收规范》GB 50206—2001；
7.《中密度纤维板》GB/T 11718—1999；
8.《人造板及饰面人造板理化性能试验方法》GB/T 17657—1999；
9.《实木复合地板》GB/T 18103—2000。

## 二、基本概念

1. 人造木板：以植物纤维为原料，经机械加工分离成各种形状的单元材料，再经组合并加入胶粘剂压制而成的板材，包括胶合板、纤维板、刨花板等。

2. 饰面人造板：以人造木板为基材，经涂饰或复合装饰材料面层后的板材。

3. 装饰单板贴面人造板：利用天然木质装饰单板粘贴在胶合板、刨花板、中密度纤维板及硬质纤维板表面制成的板材。

4. 细木工板：以木板条拼接或空心板作芯板，两面覆盖两层或多层胶合板，经胶压制成的一种特殊胶合板。

5. 纤维板：是以植物纤维为原料，经纤维分离、成型、热压（或干燥）等工序制成的板状产品。

6. 中密度纤维板：是采用干法或湿法生产工艺制成的密度在 $0.5 \sim 0.88g/cm^3$ 的纤维板。

7. 刨花板：是用木材加工剩余物或小径木等做原料，经专门机床加工成刨花，加入一定数量的胶粘剂，再经成型、热压而制成的一种板状材料。

8. 胶合板：是用多层薄板纵横交错排列胶合而成的板状材料。

9. 实木复合地板：以实木拼板或单板为面层、实木条为芯层、单板为底层制成的企口地板和以单板为面层、胶合板为基材制成的企口地板。

10. 游离甲醛释放量：在环境测试舱法或干燥器法的测试条件下，材料释放游离甲醛的量。

11. 游离甲醛含量：在穿孔法的测试条件下，材料单位质量中含有游离甲醛的量。

## 三、必试项目

游离甲醛含量或游离甲醛释放量。

## 四、取样方法及取样数量

1. 以同一厂家生产的同一品种、同一类型、同一等级的板材为一批。

2. 从每批进场的材料中随机抽取 3 张板材，去掉边缘截取 500mm × 500mm 板材 3 块，用铝箔纸密封包装或用铝胶带纸密封板材四周。

## 五、需对人造板游离甲醛含量或游离甲醛释放量进行测试的工程

1. 门窗工程人造木板；

2. 吊顶工程人造木板；
3. 轻质隔墙工程人造木板；
4. 细部工程人造木板；
5. 复合木地板。

## 六、指标限量

1. 人造木板及饰面人造木板根据游离甲醛含量或游离甲醛释放量划分为 $E_1$ 类和 $E_2$ 类。

2. 饰面人造板可采用环境测试舱法或干燥器法测定游离甲醛的释放量，当发生争议时应以环境测试舱法的测定结果为准；胶合板、装饰单板贴面胶合板、细木工板宜采用干燥器法测定游离甲醛释放量；刨花板、定向刨花板、中密度纤维板、高密度纤维板等宜采用穿孔法测定游离甲醛含量。

3. 当采用环境测试舱法测定游离甲醛释放量时，其限量应符合表 4-5 的规定：

**游离甲醛释放量** **表 4-5**

| 类　　别 | 限量（$mg/m^3$） | 使用范围 |
|---|---|---|
| $E_1$ | ≤0.12 | 可直接用于室内 |

4. 当采用穿孔法测定游离甲醛含量时，其限量应符合表 4-6 的规定：

**游离甲醛含量** **表 4-6**

| 类别 | 限量（mg/100g，干材料） | 使用范围 |
|---|---|---|
| $E_1$ | ≤9.0 | 可直接用于室内 |
| $E_2$ | >9.0，≤30.0 | 表面涂覆密封处理后可用于室内 |

5. 当采用干燥器法测定游离甲醛释放量时，其限量应符合表 4-7 的规定：

**游离甲醛释放量** **表 4-7**

| 类别 | 限量（mg/L） | 使用范围 |
|---|---|---|
| $E_1$ | ≤1.5 | 可直接用于室内 |
| $E_2$ | >1.5，≤5.0 | 表面涂覆密封处理后可用于室内 |

## 七、结果评定

1. 在随机抽取的 3 份样品中，任取 1 份样品进行检测，如测定结果达到标准要求，则判定为合格；

2. 如测定结果不符合标准要求，则对另外 2 份样品进行测定，如 2 份样品达到标准要求，则判定为合格；

3. 如 2 份样品中只有 1 份样品达到标准要求或 2 份样品均达不到标准要求，则判定为不合格。

# 第四节　铝 塑 复 合 板

## 一、相关的标准、规范、规程

1.《铝塑复合板》GB/T 17748—1999；

2.《建筑装饰装修工程质量验收规范》GB 50210—2001。

## 二、基本概念

1. 定义

铝塑复合板：以塑料为芯层，外贴铝板的三层复合板材，并在表面施加装饰性或保护性涂层。

2. 分类

(1) 按用途铝塑复合板可分为外墙铝塑复合板（代号 W）和内墙铝塑复合板（代号 N）。

(2) 按表面涂层材质铝塑复合板可分为氟碳树脂型（代号 FC）、聚酯树脂型（代号 PET）和丙烯酸树脂型（代号 AC）。

(3) 按外观质量铝塑复合板可分为优等品（代号 A）和合格品（代号 B）两个等级。

## 三、试验项目及组批原则

1. 必试项目

用于外墙时铝合金板与夹层的剥离强度（180°剥离强度）。

2. 组批原则

同一生产厂的同一等级、同一品种、同一规格的产品 3000m$^2$ 为一验收批，不足 3000m$^2$ 的按一批计。

3. 取样方法

从每批产品中随机抽取 3 张进行尺寸偏差、外观检验，在检验合格的样品中截取 500mm × 500mm 试样一块进行 180°剥离强度试验。

## 四、技术指标

1. 规格尺寸（mm）

长度：2000、2440、3200。

宽度：1220、1250。

厚度：3、4。（外墙板厚度不小于 4mm，内墙板厚度不小于 3mm）

2. 允许偏差

铝塑复合板尺寸允许偏差应符合表 4-8 的要求：

铝塑复合板尺寸允许偏差　　表 4-8

| 项　目 | 允许偏差值 | 项　目 | 允许偏差值 |
|---|---|---|---|
| 长度（mm） | ±3 | 对角线差（mm） | ≤5 |
| 宽度（mm） | ±2 | 边沿不直度（mm/m） | ≤1 |
| 厚度（mm） | ±0.2 | 翘曲度（mm/m） | ≤5 |

注：其他规格的尺寸允许偏差，可由供需双方商定。

3. 外观质量

铝塑复合板外观应整洁。涂层不得有漏涂或穿透涂层厚度的损伤。铝塑复合板正反面不得有塑料外露。铝塑复合板装饰面不得有明显压痕、印痕和凹凸等残迹。

铝塑复合板外观缺陷应符合表4-9的要求。

**铝塑复合板外观缺陷允许范围** **表4-9**

| 缺陷名称 | 缺陷规定 | 允许范围 | |
|---|---|---|---|
| | | 优等品 | 合格品 |
| 波纹 | | 不允许 | 不明显 |
| 鼓泡 | ≤10mm | 不允许 | 不超过1个/$m^2$ |
| 疵点 | ≤3mm | 不超过3个/$m^2$ | 不超过10个/$m^2$ |
| 划伤 | 总长度 | 不允许 | ≤100mm/$m^2$ |
| 擦伤 | 总面积 | 不允许 | ≤300mm/$m^2$ |
| 划伤、擦伤总处数 | | 不允许 | ≤4处 |
| 色差 | 色差不明显；若用仪器测量，$\Delta E \leqslant 2$ | | |

4. 物理力学性能

铝塑复合板的物理力学性能应符合表4-10的要求。

**铝塑复合板的物理力学性能** **表4-10**

| 项　　目 | 技术要求 | |
|---|---|---|
| | 外墙板 | 内墙板 |
| 180°剥离强度（N/mm） | ≥7.0 | ≥5.0 |

**五、结果判定**

1. 外观质量根据优等品或合格品指标达到规定时，判为符合优等品或合格品；若有不符合的项目，可从该批产品中抽取双倍样品对不符合项进行复测，全部达到规定时判为符合优等品或合格品；

2. 尺寸偏差、物理力学性能检验的全部项目达到规定的指标时，判定该批产品允许偏差和力学性能合格；若有不合格的项目，可再从该批产品中抽取双倍样品对不合格项目进行一次复测，达到规定时判该项目为合格，否则判该项目为不合格；

3. 180°剥离强度试验结果以6块试样的算术平均值表示，保留3位有效数字。

## 第五节　建 筑 胶 粘 剂

**一、相关标准**

1.《建筑装饰装修工程质量验收规范》GB 50210—2001；

2.《民用建筑工程室内环境污染控制规范》GB 50325—2001；

3.《民用建筑工程室内环境污染控制规程》DBJ 01—91—2004；

4.《室内装饰装修材料胶粘剂中有害物质限量》GB 18583—2001；

5.《涂料产品的取样》GB 3186—82。

**二、基本概念**

1. 水性胶粘剂：以水为稀释剂的胶粘剂；

2. 溶剂型胶粘剂：以有机溶剂为稀释剂的胶粘剂。

## 三、试验项目

1. 除防水材料、外墙饰面砖粘结材料外，建筑胶粘剂没有必试项目，只需要生产厂家提供该产品的检测报告。根据《民用建筑工程室内环境污染控制规范》（GB 50325—2001），民用建筑工程室内用胶粘剂，当厂家提供的产品检测报告项目不全或对产品质量有怀疑时，必须将胶粘剂料送至有资格的检测机构进行检验，检验合格后方可使用。

2. 民用建筑工程室内用水性胶粘剂应测定总挥发性有机化合物（TVOC）和游离甲醛的含量。

3. 民用建筑工程室内用溶剂型胶粘剂应测定总挥发性有机化合物（TVOC）和苯的含量。

4. 溶剂型胶粘剂中聚氨酯胶粘剂还应测定游离甲苯二异氰酸酯（TDI）的含量。

## 四、取样方法及数量

1. 盛样容器：

（1）内部不涂漆的金属罐；

（2）棕色或透明的可密封的玻璃瓶。

2. 随机抽取$\sqrt{n/2}$（$n$ 是产品的桶数）的产品初步进行外观检查，看产品是否结皮，有无分层及可见杂质和沉淀物等。在检查合格的产品中随机抽取 1 桶，用不锈钢或木棒，充分搅拌均匀，抽取 3 份样品，每份不小于 0.5kg，分别装入样品容器中，样品容器应留有 5%的空隙，盖严。一份作为检验用样品，另外两份密封保存。

## 五、技术指标

1. 民用建筑工程室内用水性胶粘剂中总挥发性有机化合物（TVOC）和游离甲醛限量指标如表 4-11 所示。

2. 民用建筑工程室内用溶剂型涂料中总挥发性有机化合物（TVOC）和苯限量指标如表 4-12 所示。

总挥发性有机化合物（TVOC）和游离甲醛限量指标　　表 4-11

| 测定项目 | 限量 |
|---|---|
| TVOC（g/L） | ≤50 |
| 游离甲醛（g/kg） | ≤1 |

总挥发性有机化合物（TVOC）和苯限量指标　　表 4-12

| 测定项目 | 限量 |
|---|---|
| TVOC（g/L） | ≤750 |
| 苯（g/kg） | ≤5 |

3. 聚氨酯胶粘剂中游离甲苯二异氰酸酯（TDI）的含量应不大于 10 g/kg。

## 六、结果评定

检测项目的检测结果应达到指标限量的要求，若有一项检测结果未达到要求，应对保存样品进行复验，如复验结果仍未达到要求，则判定该批产品不符合标准要求。

# 第六节　建　筑　涂　料

## 一、相关标准

1.《建筑装饰装修工程质量验收规范》GB 50210—2001；
2.《民用建筑工程室内环境污染控制规范》GB 50325—2001；
3.《民用建筑工程室内环境污染控制规程》DBJ 01—91—2004；
4.《室内装饰装修材料内墙涂料中有害物质限量》GB 18582—2001；
5.《室内装饰装修材料溶剂型木器涂料中有害物质限量》GB 18581—2001；
6.《涂料产品的取样》GB 3186—82。

## 二、基本概念

1. 建筑涂料：用于建筑物内墙、外墙、顶棚、地面、门窗、家具、防水等目的的涂料，主要由胶结基料、颜料、填料、溶剂（或水）及各种配套助剂组成；
2. 民用建筑工程室内用涂料分为水性涂料和溶剂型涂料。

## 三、试验项目

1. 除防水涂料外，建筑涂料没有必试项目，只需要生产厂家提供该产品的检测报告。根据《民用建筑工程室内环境污染控制规范》（GB 50325—2001），民用建筑工程室内用涂料，当厂家提供的产品检测报告项目不全或对产品质量有怀疑时，必须将涂料送至有资格的检测机构进行检验，检验合格后方可使用。

2. 民用建筑工程室内用水性涂料应测定总挥发性有机化合物（TVOC）和游离甲醛的含量。

3. 民用建筑工程室内用溶剂型涂料应测定总挥发性有机化合物（TVOC）和苯的含量。

4. 溶剂型涂料中聚氨酯涂料应测定固化剂中游离甲苯二异氰酸酯（TDI）的含量。

## 四、取样方法及数量

1. 盛样容器：
(1) 内部不涂漆的金属罐；
(2) 棕色或透明的可密封的玻璃瓶。

2. 随机抽取$\sqrt{n/2}$（$n$ 是产品的桶数）的产品初步进行外观检查，看产品是否结皮，有无分层及可见杂质和沉淀物等。在检查合格的产品中随机抽取一桶，用不锈钢或木棒，充分搅拌均匀，抽取两份样品，各为 200～400mL，分别装入样品容器中，样品容器应留有 5%的空隙，盖严。一份密封保存，另一份作为检验用样品。

## 五、技术指标

1. 民用建筑工程室内用水性涂料中总挥发性有机化合物（TVOC）和游离甲醛限量指标如表 4-13 所示。

**总挥发性有机化合物（TVOC）和游离甲醛限量指标** 表 4-13

| 测定项目 | 限　量 | 测定项目 | 限　量 |
|---|---|---|---|
| TVOC（g/L） | ≤200 | 游离甲醛（g/kg） | ≤0.1 |

2. 民用建筑工程室内用溶剂型涂料中总挥发性有机化合物（TVOC）和苯限量指标如表 4-14 所示。

**总挥发性有机化合物（TVOC）和苯限量指标** 表 4-14

| 涂料名称 | TVOC（g/L） | 苯（g/kg） |
|---|---|---|
| 醇酸涂料 | ≤550 | ≤5 |
| 硝基清涂料 | ≤750 | ≤5 |
| 聚氨酯涂料 | ≤700 | ≤5 |
| 酚醛清涂料 | ≤500 | ≤5 |
| 酚醛磁涂料 | ≤380 | ≤5 |
| 酚醛防锈涂料 | ≤270 | ≤5 |
| 其他溶剂型涂料 | ≤600 | ≤5 |

3. 聚氨酯涂料测定固化剂中游离甲苯二异氰酸酯（TDI）的含量后，应按其规定的最小稀释比例计算出聚氨酯涂料中游离甲苯二异氰酸酯（TDI）的含量，且不应大于 7g/kg。

### 六、结果评定

所有项目的检测结果均应达到指标限量的要求，若有一项检测结果未达到要求，应对保存样品进行复验，如复验结果仍未达到要求，则判定该批产品不符合标准要求。

## 第七节　现场检测项目

### 一、外墙饰面粘结

1. 相关的标准、规范、规程

(1)《外墙饰面砖工程施工及验收规程》JGJ 126—2000；

(2)《建筑工程饰面砖粘结强度检验标准》JGJ 110—97；

(3)《建筑装饰装修工程质量验收规范》GB 50210—2001。

2. 试验项目

粘结强度。

3. 组批原则及抽样规定

（1）试样规格应为 95mm×45mm 或 40mm×40mm。

（2）现场镶贴外部饰面砖工程：每 300m² 同类墙体取一组试样，每组 3 个试件，每一楼层不得小于一组，不足 300m² 同类墙体，每两楼层取一组试样，每组 3 个试件。

（3）带饰面砖的预制墙板，每生产 100 块预制墙板取一组试样，不足 100 块预制墙板也取一组试样。每组在 3 块板中各取 2 个试件。

（4）试样应由专业检验人员随机抽取，但取样间距不得小于 500mm。

（5）采用水泥砂浆或水泥净浆粘结时，应在水泥砂浆或水泥净浆龄期达到 28d 时进行检验。

4. 技术指标

(1) 在建筑物外墙上镶贴的同类饰面砖：

① 每组试样平均粘结强度不应小于 0.4MPa;

② 每组可有一个试样的粘结强度小于 0.4MPa，但不应小于 0.3MPa。

(2) 与预制构件一次成型的外墙板饰面砖：

① 每组试样平均粘结强度不应小于 0.6MPa;

② 每组可有一个试样的粘结强度小于 0.6 MPa，但不应小于 0.4MPa。

5. 结果评定

(1) 当一组试样粘结强度同时符合两项指标时，应判定为合格；

(2) 当一组试样粘结强度两项指标均不符合要求时，应判定为不合格；

(3) 当一组试样只满足其中一项指标时，应在该组试样原取样区域内重新抽取双倍试样检验，若检验结果仍有一项指标达不到规定数值，则该批饰面砖粘结强度可判定为不合格。

6. 注意事项

(1) 若使用水泥基粘结材料时，一定要到粘结龄期 28d 以后，再进行粘结强度试验；

(2) 施工方案确定后，应做样板墙粘结强度试验，试验合格后，再进行工程中的施工；

(3) 粘结强度试验时，尽量监理在现场选定检测部位；

(4) 工程中最后粘贴瓷砖的龄期达到 25 ~ 26d 时，提前与检测单位联系预约检测时间，按检测单位的要求做一些准备工作，如瓷砖切割机、安全带、电源等。

## 二、饰面板工程及幕墙工程

1. 相关的标准、规范、规程

(1)《建筑装饰装修工程质量验收规范》GB 50210—2001;

(2)《混凝土结构后锚固技术规程》JGJ 145—2004;

(3)《玻璃幕墙工程质量检验标准》JGJ/T 139—2001;

(4)《金属与石材幕墙工程技术规范》JGJ 133—2001;

(5)《玻璃幕墙工程技术规范》JGJ 102—2003。

2. 检测项目

后置埋件的现场拉拔检测。

3. 基本概念

(1) 饰面板：建筑工程内墙、外墙（高度不大于 24m、抗震设防烈度不大于 7 度）装饰和围护用石材、瓷板、木材、塑料、金属等。

(2) 建筑幕墙：由支承结构体系（金属构架）与面板（板材）组成的、可相对主体结构有一定位移能力、不承担主体结构荷载与作用的建筑外围护结构。

(3) 建筑幕墙的分类：

① 组合幕墙：由不同材料的面板（如玻璃、金属、石材等）组成的建筑幕墙；

② 玻璃幕墙：面板材料为玻璃的建筑幕墙；

③ 金属幕墙：板材为金属板材的幕墙；

④ 石材幕墙：板材为建筑石板的建筑幕墙。

(4) 后置埋件：是通过相关技术手段在原有混凝土结构上锚固的各种锚栓及植筋。

(5) 后置埋件的分类：

① 膨胀型锚栓：利用膨胀件挤压锚孔孔壁形成锚固作用的锚栓；

② 扩孔型锚栓：通过孔底部扩孔与锚栓膨胀件之间的锁键形成锚固作用的锚栓；

③ 化学植筋：以化学胶粘剂（锚固胶），将带肋钢筋及长螺杆等胶结固定于混凝土基材锚孔中的一种后锚固生根钢筋。

(6) 现场拉拔试验可分为非破坏性检测和破坏性检测。对于一般构件及非结构构件，可采用非破坏性检验；对于重要结构构件及生命线工程的非结构构件，应采用破坏性检验。

4. 抽样规定

(1) 同规格、同型号、基本相同部位的锚栓组成一个检验批；

(2) 抽取数量按每批锚栓总数的1‰计算，且不少于3根；

(3) 非破坏性检验可采用现场随机抽样的办法取样；

(4) 玻璃幕墙工程锚栓按5‰抽取，且每种锚栓不得少于5根。

5. 技术指标

(1) 设计提出检测荷载要求；

(2) 非破坏性检验应取 $0.9A_s f_{yk}$ 及 $N_{Rk,c}$ 计算的较小值，其中 $A_s$ 为锚栓的截面积，$f_{yk}$ 为锚栓的屈服强度，$N_{Rk,c}$ 为非钢材破坏承载力标准值。

6. 结果评定

(1) 符合设计要求；

(2) 非破坏性检验荷载下，以混凝土基材无裂缝、锚栓或植筋无滑移等宏观裂损现象，且2min持荷期间荷载降低不大于5%时为合格。当非破坏性检测为不合格时，应另外抽不少于3个锚栓做破坏性检验判定；

(3) 对于破坏性检验，该批锚栓的极限抗拉拔力满足下列规定为合格：

$$N_{Rm}^{c} \geqslant [\gamma_u] N_{sd}$$

$$N_{Rmin}^{c} \geqslant N_{Rk,*}$$

式中 $N_{sd}$——锚栓拉力设计值；

$N_{Rm}^{c}$——锚栓极限抗拉拔力实测平均值；

$N_{Rmin}^{c}$——锚栓极限抗拉拔力实测最小值；

$N_{Rk,*}$——锚栓极限抗拉拔力标准值；

$[\gamma_u]$——锚固承载力检验系数允许值，近似取 $[\gamma_u] = 1.1\gamma_{R*}$，其中 $\gamma_{R*}$ 为后锚固连接承载力分项系数。

7. 注意事项

(1) 委托检测时需向检测单位提供锚栓规格、型号、品种、数量等；

(2) 非破坏性检验委托检测时最好向检测单位提供设计要求的检测荷载值；

(3) 设计没有提出检测荷载值非破坏性检测及破坏性检测，则需向检测单位提供锚栓的截面积（$A_s$）、锚栓的屈服强度（$f_{yk}$）及非钢材破坏承载力标准值（$N_{Rk,c}$）；

（4）若不能提供上述资料时则需向检测单位提供详细的锚栓施工图纸及其他方面的详细信息，由检测单位进行计算锚栓极限抗拉拔力标准值 $N_{Rk,*}$；

（5）注意玻璃幕墙工程锚栓抽样数量与其他工程抽样数量的区别；

（6）检测时需监理单位、施工单位及检测单位共同在场。

## 三、室内空气质量检测

1. 相关的标准、规范、规程

（1）《建筑装饰装修工程质量验收规范》GB 50210—2001；

（2）《民用建筑工程室内环境污染控制规范》GB 50325—2001；

（3）《民用建筑工程室内环境污染控制规程》DBJ01—91—2004。

2. 基本概念

（1）Ⅰ类民用建筑工程：住宅、医院、老年建筑、幼儿园、学校教室等。

（2）Ⅱ类民用建筑工程：办公楼、商店、旅馆、文化娱乐场所、书店、图书馆、展览馆、体育馆、公共交通等候室、餐厅、理发店等。

（3）TVOC：总挥发性有机化合物。

3. 试验项目

室内空气中苯、氨、TVOC、甲醛、氡浓度。

4. 抽样规定

（1）民用建筑工程室内环境污染物浓度检测宜在装饰装修工程完工 7d 后进行。

（2）民用建筑工程室内环境污染物浓度检测应按单位工程进行。

（3）检测现场及其周围应无影响空气质量检测的因素，检测时室外风力不大于 5 级。

（4）室内环境污染物浓度检测应由检测单位依据设计图纸、装修情况和楼层分布，随机抽检有代表性的房间。抽检房间数量不得少于总房间数的 5%，并不得少于 3 间；当房间总数少于 3 间时，应全数检测。抽检房间面积总和不得少于建筑总面积的 5%。

① 室内安装门扇，形成封闭空间的工程，抽检房间的基数按自然间计算，厨房、卫生间、储藏间不计入自然间基数；

② 室内未安装门扇的工程，抽检的基数按最小可封闭空间的数量计算，当厨房、卫生间、储藏间位于可封闭空间内时，应计入其面积。

（5）凡进行了样板间检测且检测结果合格的，抽检数量减半，并不得少于 3 间。样板间应在装饰施工前制成，并应经过监理（建设）、施工等单位确认。

（6）检测点应按受检房间面积确定：

① 房间使用面积小于 50m$^2$ 时，设 1 个检测点；

② 房间使用面积为 50 ~ 100m$^2$ 时，设 2 个检测点；

③ 房间使用面积为 100 ~ 500m$^2$ 时，设 3 个检测点；

④ 房间使用面积为 500 ~ 1000m$^2$ 时，设 4 个检测点；

⑤ 房间使用面积超过 1000m$^2$ 时，每增加 1000m$^2$ 增设 1 个检测点。当增加的面积不足 1000m$^2$ 时，按 1000m$^2$ 计算。

（7）现场检测点位置应距内墙面不小于 5m，距室内地面 0.8 ~ 1.5m，检测点应均匀分布，避开通风道和通风口。室外空气相应值（空白值）的样品采集点应选择在被测建筑物的上风向，并避开污染源，与室内样品采集时间相差不宜超过4h。

(8) 甲醛、苯、氨、TVOC浓度检测时，对采用集中空调的民用建筑工程，应在空调正常运转的条件下进行；对采用自然通风的民用建筑工程，检测应在外门窗关闭1h后立即进行。

(9) 氡浓度检测时，对采用集中空调的民用建筑工程，应在空调正常运转的条件下进行；对采用自然通风的民用建筑工程，检测应在外门窗关闭24h后进行。

(10) 检测单位应负责封闭被检测房间并记录封闭起始时间。

5. 技术指标（表4-15）

**技术指标** **表4-15**

| 污染物 | Ⅰ类民用建筑 | Ⅱ类民用建筑 |
| --- | --- | --- |
| 氡（$Bq/m^3$） | ≤200 | ≤400 |
| 甲醛（$mg/m^3$） | ≤0.08 | ≤0.12 |
| 苯（$mg/m^3$） | ≤0.09 | ≤0.09 |
| 氨（$mg/m^3$） | ≤0.2 | ≤0.5 |
| TVOC（$mg/m^3$） | ≤0.5 | ≤0.6 |

6. 结果评定

(1) 当房间内有一个以上检测点时，应取各检测点检测结果的平均值作为该房间的检测值。

(2) 当被抽检的房间内环境污染物浓度检测结果全部符合要求时，判定该工程室内环境质量合格。

(3) 当被抽检的房间中有一项以上（含一项）污染物浓度检测结果不符合要求时，应查找原因并采取措施进行处理，并再次对不合格项进行检测。再次检测时，抽检房间数量应为不合格房间数量的2倍，且包含原不合格房间。再次检测结果全部符合要求时，判定该工程室内环境质量合格。

室内环境质量验收不合格的民用建筑工程，严禁投入使用。

# 第五章　建筑节能部分

## 第一节　节能保温工程

### 一、相关技术标准、规程、规范

1.《居住建筑节能保温工程施工质量验收规程》DBJ 01—97—2005；
2.《外墙外保温技术规程(聚苯板玻纤网格布聚合物砂浆做法)》DBJ/T 01—38—2002；
3.《外墙外保温技术规程(现浇混凝土模板内置保温板做法)》DBJ/T 01—66—2002；
4.《外墙外保温技术规程（胶粉聚苯颗粒保温浆料玻纤网格布抗裂砂浆做法）》DBJ/T01—50—2002；
5.《外墙外保温技术规程（外墙聚合物水泥聚苯保温板做法)》DBJ/T 01—92—2004。

### 二、基本概念

1. 外墙外保温系统：由保温层、保护层和联结材料（胶粘剂、锚固件）等构成并复合在外墙外表面的非承重保温构造的总称。
2. 基层：保温层所依附的建筑物围护结构实体。
3. 保温层：由保温材料组成的起保温作用的构造体。
4. 保护层：抹面层和饰面层的总称。
5. 抹面层：抹在保温层上，层内设有增强网，保护保温层并起防裂、防水和抗冲击作用的构造层。
6. 饰面层：外墙外保温系统的外装饰层。
7. 胶粘剂：用于聚苯板与基层粘结的胶料。
8. 界面剂：用以改善基层或保温层表面粘结性能的含聚合物浆料。
9. 抹面抗裂砂浆：用作抹面层抹灰的聚合物砂浆，具有防裂、防水和抗冲击性能。
10. 增强网：铺设在抹面抗裂砂浆内，增强抹面层的抗裂和抗冲击性能。饰面层做涂料时，采用耐碱玻纤网格布；饰面层粘贴面砖时，采用防锈金属网。
11. 锚固件：用于将外保温系统与基层联结的专用机械固定件。

**三、各种外墙外保温系统材料现场抽样复验项目、取样方法数量、送检数量的规定、试验结果判定分别见表 5-1 ~ 表 5-7。**

**聚苯板薄抹灰外墙外保温系统材料**　　　　**表 5-1**

| 序号 | 材料名称 | 现场抽样数量 | 复验项目 | 指标 | 送检数量 |
|---|---|---|---|---|---|
| 1 | 模塑聚苯乙烯泡沫塑料板 | 以同一厂家生产、同一规格产品、同一批次进场，每 $350m^3$ 为一批，不足 $350m^3$ 亦为一批 | 表观密度（$kg/m^3$） | ≥18 | $1m^2$ |
| | | | 抗拉强度（MPa） | ≥0.10 | |
| | | | 尺寸稳定性（%） | ≤0.50 | |

续表

| 序号 | 材料名称 | 现场抽样数量 | 复验项目 | 指标 | 送检数量 |
|---|---|---|---|---|---|
| 2 | 胶粘剂 | 每 20t 为一批，不足 20t 亦为一批。其余同上 | 常温常态拉伸粘结强度（MPa）（与水泥砂浆） | ≥0.70 | 2kg |
| | | | 浸水 48h 拉伸粘结强度（MPa）（与水泥砂浆） | ≥0.50 | |
| 3 | 抹面抗裂砂浆 | 每 20t 为一批，不足 20t 亦为一批。其余同上 | 常温常态拉伸粘结强度（MPa）（与聚苯板） | ≥0.10 | 4kg |
| | | | 浸水 48h 拉伸粘结强度（MPa）（与聚苯板） | ≥0.10 | |
| | | | 柔韧性（抗压强度/抗折强度） | ≤3.0 | |
| 4 | 耐碱型玻纤网格布 | 每 $4000m^2$ 为一批，不足 $4000m^2$ 亦为一批 | 耐碱拉伸断裂强度（N/50mm） | ≥750 | $1m^2$ |
| | | | 断裂强度保留率（%） | ≥50 | |
| 5 | 保温试样 | 每个单位工程外墙保温施工的初、中、后期各一次 | 热阻（换算外墙传热系数） | 满足设计要求 | 初中后期各一块，共三块，每块尺寸不小于 0.6m×0.6m |

**聚苯板现浇混凝土外墙外保温系统材料** 表 5-2

| 序号 | | 材料名称 | 现场抽样数量 | 复验项目 | 指标 | 送检数量 |
|---|---|---|---|---|---|---|
| 无网体系做法 | 1 | 模塑聚苯乙烯泡沫塑料板 | 以同一厂家生产、同一规格产品、同一批次进场，每 $350m^3$ 为一批，不足 $350m^3$ 亦为一批 | 表观密度（$kg/m^3$） | ≥18 | $1m^2$ |
| | | | | 抗拉强度（MPa） | ≥0.10 | |
| | | | | 尺寸稳定性（%） | ≤0.50 | |
| | 2 | 抹面抗裂砂浆 | 每 20t 为一批，不足 20t 亦为一批。其余同上 | 常温常态拉伸粘结强度（MPa）（与聚苯板） | ≥0.10 | 4kg |
| | | | | 浸水 48h 拉伸粘结强度（MPa）（与聚苯板） | ≥0.10 | |
| | | | | 柔韧性（抗压强度/抗折强度） | ≤3.0 | |
| | 3 | 耐碱型玻纤网格布 | 每 $4000m^2$ 为一批，不足 $4000m^2$ 亦为一批 | 耐碱拉伸断裂强度（N/50mm） | ≥750 | $1m^2$ |
| | | | | 断裂强度保留率（%） | ≥50 | |
| | 4 | 保温试样 | 每个单位工程外墙保温施工的初、中、后期各一次 | 热阻（换算外墙传热系数） | 满足设计要求 | 初中后期各一块，共三块，每块尺寸不小于 0.6m×0.6m |

**聚苯板现浇混凝土外墙外保温系统材料** **表 5-3**

| 序号 | | 材料名称 | 现场抽样数量 | 复验项目 | 指标 | 送检数量 |
|---|---|---|---|---|---|---|
| 有网体系做法 | 1 | 模塑聚苯乙烯泡沫塑料板 | 以同一厂家生产、同一规格产品、同一批次进场，每 350m³ 为一批，不足 350m³ 亦为一批 | 表观密度（kg/m³） | ≥18 | 1m² |
| | | | | 抗拉强度（MPa） | ≥0.10 | |
| | | | | 尺寸稳定性（%） | ≤0.50 | |
| | 2 | 保温板钢丝网 | 每 4000m² 为一批，不足 4000m² 亦为一批 | 网孔中心距（mm） | …… | 1m² |
| | | | | 丝径（mm） | …… | |
| | | | | 焊点强度（N） | ≥330 | |
| | 3 | 保温试样 | 每个单位工程外墙保温施工的初、中、后期各一次 | 热阻（换算外墙传热系数） | 满足设计要求 | 初中后期各一块，共三块，每块尺寸不小于 0.6m×0.6m |

**胶粉聚苯颗粒保温浆料外墙外保温系统材料** **表 5-4**

| 序号 | 材料名称 | 现场抽样数量 | 复验项目 | 指标 | 送检数量 |
|---|---|---|---|---|---|
| 1 | 胶粉聚苯颗粒保温浆料 | 以同一厂家生产、同一规格产品、同一批次进场，每 35t 为一批，不足 35t 亦为一批 | 干表观密度（kg/m³） | ≤230 | 胶粉 5kg<br>聚苯颗粒 2kg |
| | | | 压缩强度（MPa） | ≥0.25 | |
| 2 | 抹面抗裂砂浆 | 每 20t 为一批，不足 20t 亦为一批。其余同上 | 常温常态拉伸粘结强度（MPa）（与聚苯板） | ≥0.10 | 4kg |
| | | | 浸水 48h 拉伸粘结强度（MPa）（与聚苯板） | ≥0.10 | |
| | | | 柔韧性 | ≤3.0 | |
| 3 | 耐碱型玻纤网格布 | 每 4000m² 为一批，不足 4000m² 亦为一批 | 耐碱拉伸断裂强度（N/50mm） | ≥750 | 1m² |
| | | | 断裂强度保留率（%） | ≥50 | |
| 4 | 现场保温试样 | 每个单位工程外墙保温施工的初、中、后期各一次 | 热阻（换算外墙传热系数） | 满足设计要求 | 初中后期各一块，共三块，每块尺寸不小于 0.6m×0.6m |
| 5 | 外墙 | 单位工程选几点验证外墙传热系数 | 现场传热系数 | 满足设计要求 | 代表性墙体 |

**硬泡聚氨酯喷涂外墙外保温系统材料** **表 5-5**

| 序号 | 材料名称 | 现场抽样数量 | 复验项目 | 指标 | 送检数量 |
|---|---|---|---|---|---|
| 1 | 硬质聚氨酯泡沫塑料 | 以同一厂家生产、同一规格产品、同一批次进场，每 10t 为一批，不足 10t 亦为一批 | 表观密度（kg/ m³） | ≥30 | 1m² |
| | | | 抗拉强度（MPa） | ≥0.10 | |
| 2 | 界面剂 | 每 3t 为一批，不足 3t 亦为一批。其余同上 | 常温常态拉伸粘结强度（与 EPS） | ≥0.10 | 1kg |

续表

| 序号 | 材料名称 | 现场抽样数量 | 复验项目 | 指标 | 送检数量 |
| --- | --- | --- | --- | --- | --- |
| 3 | 胶粉聚苯颗粒保温浆料 | 以同一厂家生产、同一规格产品、同一批次进场，每35t为一批，不足35t亦为一批 | 干表观密度（成型烘干）$(kg/m^3)$ | ≤230 | 胶粉5kg<br>聚苯颗粒2kg |
| | | | 压缩强度（成型烘干）(MPa) | ≥0.25 | |
| 4 | 耐碱型玻纤网格布 | 每4000$m^2$为一批，不足4000$m^2$亦为一批 | 耐碱拉伸断裂强度(N/50mm) | ≥750 | 1$m^2$ |
| | | | 断裂强度保留率（%） | ≥50 | |
| 5 | 保温试样 | 每个单位工程外墙保温施工的初、中、后期各一次 | 热阻（换算外墙传热系数） | 满足设计要求 | 初中后期各一块，共三块，每块尺寸不小于0.6m×0.6m |

**聚氨酯饰面板外墙外保温系统材料** **表5-6**

| 序号 | 材料名称 | 现场抽样数量 | 复验项目 | 指标 | 送检数量 |
| --- | --- | --- | --- | --- | --- |
| 1 | 聚氨酯饰面板 | 以同一厂家生产、同一规格产品、同一批次进场，每3500$m^2$为一批，不足3500$m^2$亦为一批 | 保温层厚度 | 满足设计要求 | 现场 |
| | | | 保温板瓷砖拉拔强度 | 满足设计要求 | |
| 2 | 瓷砖胶粘剂 | 每10t为一批，不足10t亦为一批 | 粘结拉伸强度（MPa） | ≥1.00 | 4kg |
| 3 | 保温试样 | 每个单位工程外墙保温施工的初、中、后期各一次 | 热阻（换算外墙传热系数） | 满足设计要求 | 初中后期各一块，共三块，每块尺寸不小于0.6m×0.6m |

**聚合物水泥聚苯保温板外墙外保温系统材料** **表5-7**

| 序号 | 材料名称 | 现场抽样数量 | 复验项目 | 指标 | 送检数量 |
| --- | --- | --- | --- | --- | --- |
| 1 | 聚合物水泥聚苯保温板 | 以同一厂家生产、同一规格产品、同一批次进场，每3500$m^2$为一批，不足3500$m^2$亦为一批 | 保温层厚度 | 满足设计要求 | 现场 |
| 2 | 胶粘剂 | 每20t为一批，不足20t亦为一批。其余同上 | 常温常态拉伸粘结强度(MPa)（与水泥砂浆） | ≥0.70 | 2kg |
| | | | 浸水48h拉伸粘结强度(MPa)（与水泥砂浆） | ≥0.50 | |
| 3 | 嵌缝剂 | 每3t为一批，不足3t亦为一批。其余同上 | 拉伸粘结强度（MPa） | ≥0.70 | 2kg |
| 4 | 保温试样 | 每个单位工程外墙保温施工的初、中、后期各一次 | 热阻（换算外墙传热系数） | 满足设计要求 | 初中后期各一块，共三块，每块尺寸不小于0.6m×0.6m |

以上外墙外保温系统所用保温材料如果是挤塑聚苯板，则复验压缩强度，不验抗拉强度，其他复验项目同模塑聚苯板。

外墙保温工程合同有约定时，可在外墙保温工程完工后，在适宜的条件下采用热流计法或热箱法现场检测外墙传热系数。

对屋面保温材料，进场后需复验材料的导热系数和抗压强度。现场抽样数量和取样数量同外墙外保温系统材料。

以上材料所检项目结果判定按相关标准执行。

## 第二节　建筑门窗工程

### 一、相关技术标准、规程、规范

1.《建筑装饰装修工程质量验收规范》GB/T 50210—2001；

2.《建筑外窗抗风压性能分级及检测方法》GB/T 7106—2002；

3.《建筑外窗气密性能分级及检测方法》GB/T 7107—2002；

4.《建筑外窗水密性能分级及检测方法》GB/T 7108—2002；

5.《建筑外窗保温性能分级及检测方法》GB/T 8484—2002；

6.《住宅建筑门窗应用技术规范》DBJ 01—79—2004；

7.《居住建筑节能保温工程施工质量验收规程》DBJ01—97—2005。

### 二、基本概念

1. 外窗：有一个面朝向室外的窗。

2. 抗风压性能：关闭着的外窗在风压作用下不发生损坏和功能障碍的能力。

3. 气密性能：外窗在关闭状态下，阻止空气渗透的能力。

4. 水密性能：关闭着的外窗在风雨同时作用下，阻止雨水渗漏的能力。

5. 单位缝长空气渗透量：外窗在标准状态下，单位时间通过单位缝长的空气量。单位为立方米每米每小时［$m^3/(m\cdot h)$］，符号为 $q_1$。

6. 单位面积空气渗透量：外窗在标准状态下，单位时间通过单位面积的空气量。单位为立方米每平方米每小时［$m^3/(m^2\cdot h)$］，符号为 $q_2$。

7. 传热系数（$K$）：在稳定传热条件下，外窗两侧空气温差为 1K，单位时间内，通过单位面积的传热量，以 $W/(m^2\cdot K)$ 计。

按品种有塑钢窗、铝合金窗、木门窗等。

按开启方式有平开窗、推拉窗、悬窗等。

### 三、必试项目

外窗进场复验必试项目：抗风压性能、气密性能、水密性能、保温性能。

竣工验收前现场检测必试项目：气密性能、水密性能。

### 四、取样方法、数量的规定

1. 进场复验（抗风压性能、气密性能、水密性能）取样方法、数量

单位工程建筑面积 $5000m^2$（含 $5000m^2$）以下时，同一生产厂家的建筑外窗抽检有代

表性的 1 组，每组为 3 樘试件（同系列、同规格、同分格形式）；单位工程建筑面积 5000m² 以上时，同一生产厂家的建筑外窗抽检有代表性的 2 组，每组为 3 樘试件（同系列、同规格、同分格形式）。

2. 现场检测取样方法、数量

单位工程建筑面积 5000m²（含 5000m²）以下时，随机抽取同一生产厂家具有代表性的 1 组建筑外窗试件，试件数量为同系列、同规格、同分格形式的 3 樘外窗；单位工程建筑面积 5000m² 以上时，随机抽取同一生产厂家具有代表性的 2 组建筑外窗，每组试件数量为同系列、同规格、同分格形式的 3 樘外窗（安装工序必须全部完成的外窗）。

3. 外窗保温性能进场复验

抽样组数参照上述两种试验的抽样组数，每组数量为 1 樘。

## 五、性能指标

1. 住宅工程的抗风压性能、气密性能、水密性能、保温性能应满足表 5-8 的要求。

**住宅工程的抗风压性能、气密性能、水密性能、保留性能　　表 5-8**

| 项目 | 标准编号 | 物理性能指标 |
|---|---|---|
| 抗风压性能 | GB/T 7106 | 低层、多层住宅建筑 $p_3$ 应不小于 2500Pa（即大于等于 4 级）<br>中高层、高层住宅建筑 $p_3$ 应不小于 3000Pa（即大于等于 5 级）<br>住宅建筑高度超过 100m 时（超高层）应符合设计要求 |
| 气密性能 | GB/T 7107 | 在 ± 10 Pa 检测压力差下：<br>$q_1$ 不大于 1.5m³/（m·h）<br>$q_2$ 不大于 4.5m³/（m²·h）　（即大于等于 4 级） |
| 水密性能 | GB/T 7108 | 未渗漏压力不小于 250Pa（即大于等于 3 级） |
| 保温性能 | GB/T 8484 | 外窗传热系数 $K$ 不宜大于 2.8 W/（m²·K） |

2. 其他工程的抗风压性能、气密性能、水密性能、保温性能应满足工程设计要求。

3. 当抽检的外窗检测结果不符合表 5-8 规定或设计要求时，应对该组的不合格项进行加倍抽样复测。当加倍抽样复测的检测结果仍不符合表 5-8 规定或设计要求时，则判定该门窗工程质量不合格。

## 六、结果判定

1. 抗风压性能

(1) 试件经过检测未出现功能障碍或损坏时，注明 ± $p_3$ 值，按 ± $p_3$ 中绝对值较小者定级；

(2) 以每个试件出现功能障碍或损坏时压力差值的前一级压力差值作为该试件抗风压性能定级值；

(3) 以 3 个试件定级值的最小值为该组试件的定级值；

(4) 若设计给定指标值 $p_3$，3 个试件必须全部满足设计要求。

2. 气密性能

(1) 取 3 樘试件的单位缝长空气渗透量的平均值作为定级指标值 $q_1$；

(2) 取3樘试件的单位面积空气渗透量的平均值作为定级指标值 $q_2$；

(3) 取 $q_1$ 和 $q_2$ 中的不利级别为该组试件所属级别；

(4) 若设计分别给定单位缝长空气渗透量 $q_1$ 和单位面积空气渗透量 $q_2$，则直接判定是否满足设计要求。

3. 水密性能

(1) 以每个试件严重渗漏时所受压力差值的前一级检测压力差值作为该试件水密性能检测值；

(2) 一般取3个试件检测值的算术平均值为定级指标值，如果3个检测值中最高值与中间值相差两个检测压力级以上时，将最高值降至比中间值高两个检测压力级后，再进行算术平均；

(3) 若设计给定检测压力差值，每个试件检测至设计值时尚未渗漏，则直接判定为满足设计要求，否则评定为不满足设计要求。